用設計師思惟種出萬人排隊番茄的品牌故事

從土地
栽種品牌

토마토 밭에서 꿈을 짓다

元繩現（원승현） 著

黃莞婷 譯

儘管如此，還是要「建構」

「展顏微笑」、「種米」、「組織家庭」。

當提到構成人生基本要素的行為的時候，我們會用「建構」來表示 *。此外還有「起名」、「作詩」、「抓藥」等，在許多地方會用到「建構」這個動詞。比起單純的「製造」，建構似乎蘊藏著更多的意思。該說就像是「不算短的時間裡，下了苦功從而製造出來，其中蘊涵著心意」的意義嗎？農事過程也一樣，除了單純的播種之外，也需要種下心意的過程。

「設計師，在農田裡種出品牌。」

因此，我抱持著懇切的心情，在農業現場以設計師視角出發，一點一點找出農業需要改善的地方。如此一來，和農業無直接關係的設計師與農業結緣，視各種設計與農業結合的情況，建構新的名稱。此外也會和廚師們一起合作

料理，透過多方的合作，我正和許多人建立起緣分。藉由這個過程，關於農業未來，我建構了更遠大的夢想。

「人生無法獨力建構。」

　　但是，為了打造出完美的結局，需要有不向現實妥協，守護價值而不感到疲憊，能不懈地勇往直前的力量。為此，我領悟到一人無法獨力進行，必須和人攜手合作的重要性。當我感到疲憊，想妥協的時候，會有人伸出手，和我並肩同行。多虧如此，能力不足的我不知不覺地又向前多跨出一步。雖然在田中央曾無數次的擦傷破皮摔倒，但是由於某人的幫助，又重新站起，這種事一再重演。這不是我一個人的力量，是所有人的力量。

譯註
在韓文中，展開、種植、組織等使用的動詞「짓다」，和建構（짓다）是同字異義

「讓我們一起建構吧。」

　　或許透過這本書，我能找到未來想和我在農田裡一起開展人生的人，還有能替這些人加油打氣的人。希望讀者一面透過這本書確認我們是因為什麼原因「就算這樣還是要做」而投身農田，展開生活，又是如何組織。還有，也希望能透過此書，與在這塊土地上從事有價值的務農者，以及和這些人一起在農田裡建構某事物的人，或多或少縮短農田和心的距離，對於彼此懷抱的夢想起到共鳴。

　　這本書的內容是我個人的經驗和建議。其他的農夫，或是其他的農業從業人員及企畫人員當然可能會有不一樣的想法。每個人看待同樣情況的角度不同，認為重要的部分自然不同。但是，我認為兼顧務農和打造品牌，同時擁有這兩種經驗的人並不多。希望大家能參考我的經驗。

在學生時代連日記都不寫的我卻寫下這本書，可以說是魯莽之舉，感謝賦予我勇氣及幫助我的 teumsae books 李民善（이민선）代表和洪城光（홍성광）主編。此外，我還要感謝一直陪在我身邊的、我最尊敬的父母。儘管是有生之年第一次嘗試農村生活，卻比誰都還要堅定陪在我身邊，給我力量的我的妻子智敏（지민），以及生下妻子的岳父岳母，我也想對他們道聲感謝。最後，我要把這本書獻給讓我領悟活在這個世界上的意義的——我心愛的女兒書妍（서연）與即將誕生的二女兒書珍（서진）。

元 繩現

第 1 章

建立連結

01

用設計師思考建立農業和品牌的關係

「我認為要在變化難測的市場上，
和進口農產品或大企業進行較量，
確保立足在穩健客群的品牌，
是小農的生存之道。」

attach

確實推動農業設計思惟

「你是設計師,為什麼要跑去種田?」

接受過許多次的媒體採訪後,我發現這是大家共同的問題。雖然現在我的回答聽起來很有想法,似乎煞有其事,其實一開始我抱持著輕鬆的心態。我認為如果我想證明父母賴以維生的職業有其價值,就必須先徹底了解農事,才能完整地傳遞品牌價值。

但是當我踏入農業現場,我才明白到這裡比任何地方來得殘酷,是個迫切需要設計師思惟的地方。換句話說,這裡有待設計師解決的問題堆積如山,感覺就像是走在平時不會走的路,在歸途時卻意外遇到了命中註定的緣分?

「有空的時候幫我畫張肖像畫。」

由於大學唸的是設計的關係,經常有人這樣對我說。因為只要說是「設計師」,就會很單純地覺得是「畫圖的人」。

雖然有一段時間，我試著跟人解釋：「我唸的不是傳統美術系，是設計；畫畫不是我擅長的領域。」但總是只得到這樣的回應：「反正你唸的是美大，會畫畫很應該吧？」。後來我放棄解釋，裝忙含糊地帶過話題，並找機會逃跑。

雖然相較過去，現在大眾對於設計師這一行有更多的了解，但仍流於表面。時裝設計師、平面造型設計師、產品設計師、室內裝潢設計師、影像設計師、髮型設計師等，在各種領域中都會賦予「設計師」的稱呼，但是設計師大多被認為是打造視覺美感的人，或創造產品外型或好看包裝的人，亦或是創造圖像或商標的人。不知道是不是因為這樣，原本是設計師的我說要改行務農，大家都單純地認為我是要運用過去設計師的經驗，改行從事商標設計或包裝設計工作。

可是，我不是單純為了打造視覺產物才來務農。**我所認為的設計師本質是「解決問題的人」**。無論是在校學習設計的人或是現職設計師，都在練習理解人的情感，並且培

養仔細觀察人事物的「設計師思惟」。設計師思惟並不是
單純透過數值和統計進行判斷，而是要細心地讀出消費者
需求及其行為模式。設計師的本質是透過設計師思惟，將
沒效率又缺乏共鳴的產出過程，進行流程再造，進而解決
問題。在解決產品化過程裡所發生的能源問題、生產問題
和流通包裝等，各種前期會遇到的問題就是設計師的工作。

　　農業的確需要透過設計師的角度去策劃解決對策。只要
生產出優秀的東西，消費者就會自己上門光顧的時代過去
了。現今的農業和農村有著層出不窮的問題。由於這些問
題，吸引不到人流，也因為這些問題，吸引不到錢流。為
了突破難關，使農業能永續經營，農村迫切需要設計師。
從事農活的農夫、農夫們工作的農棚、務農文化和農活過
程等，所有農村相關的一切，都需要透過「設計師思惟」
進行一場大手術。

　　「因此，農村裡需要更多的設計師。」

每次的媒體採訪，我都會以這句話作結。我在農村裡看到了設計師新的可能性。由於設計師是經常碰到問題、擅長解決問題的人，在因應問題局面時，設計師有很高的機率能產出有競爭力的結果物。如果設計師能運用自身的能力和真誠，體現有意義的無形經驗，融合農村的整體價值，進而改變人們的想法，那就已經充分實現了設計師這個角色在農村該做的事，不是嗎？結合原先分離的領域，消弭線上和線下的界線，在現在這個許多界線日漸消失的時代，設計師們在農村能做的事變得更多。

　　與其只動腦筋去想怎麼解決根本問題，不如親自投入現場。本著這種意義，在農村務農是有意義的。農村和設計師，這個既陌生又彆扭的組合，就像在沙漠裡行舟一樣不協調。但是，如果設計師先親身體驗沙漠後，再著手解決問題，最終會打造出能在沙漠行駛的船，必須打造出一艘能在名為農村的沙漠中行駛的船。

品牌農夫，
在農田裡打造品牌

　　品牌農夫（brand-farmer）指的是一面種田，一面打造品牌的人。這是我自創的新興職業。其實光是從事農活，農夫的生活就已經夠累了，居然還說要一邊種田、一邊建構品牌！

　　「種田已經夠讓人筋疲力竭了，不要說那些沒用的話！」

　　近期產生所謂結合第一級、第二級和第三級產業，提高農業附加價值的「第六級產業」。如果到在地小農們經營的農業現場提到「第六級產業」，多半會被罵。對他們而言，維持第一級產業都很困難，更遑論劈頭就跟他們說什麼第二級和第三級產業。即便是以給予幫助的心情說出的幾句話，但對當事人來說，卻連本錢都撈不回來。其實，我們的農場和其他人的農場處境也沒什麼差別。即使是渾身的精力已經被農活消磨殆盡，我依然堅持從事農活的同時，也「必須打造品牌」的原因有幾個。

　　第一個原因是時代變遷。大部分的人仍然認為「品牌」

是大公司打造出來的東西。那是因為帶著「有規模的大公司才會打造品牌」的認知。雖然知道品牌的重要性，但如果眼下立即要投資金錢，建立品牌，就會把建立品牌的優先順序往後擺。然而，就算不是大企業或是有名的品牌，只要是需要面對顧客的行業，打造獨有的品牌價值和哲學，進而傳遞，在現在這個世代極其重要。這是由像過去一樣，直接面對面，確認商品故事後，秉持著信賴而進行購買的消費者回歸潮所帶動的。

　　如此一來，相較於有名的藝人和「超級網紅」（mega influencer，追蹤者人數十萬以上）帶來的影響，「大號網紅」（macro influencer，追蹤者人數一萬以下）或「微型網紅」（nano influencer，追蹤者人數幾百名）更具影響力的時代到來了。社群網站（SNS）的追蹤者人數愈少，愈有利溝通，因為人們能感受到真誠。在這樣的時代，規模雖小，但足以信賴的企業或是商品才能生存得下來。

第二個原因是建立全新的顧客關係。如今，我們的農業變成了留不住顧客的代表性產業。「客戶是最大的資產」這事實並沒有改變，但在農業現場並非如此。通路商處於中游，每次交易的對象都不一樣，像是高速巴士轉運站的商家接待過路客一樣，總是進行一次性交易，生產者忙著裝傻，說不知道消費者吃虧上當。比起規模大小，品牌核心應該是要找出自己的定位，傳達以品質和信賴為根本的哲學及價值，但是我們的農業卻反其道而行。

　　但是，如果已經開始進行品牌化，也能維持良好顧客關係的農家，情況就另當別論了。他們從事農業轉型，和其他領域相比，成了將焦點放在與顧客面對面、共享價值的行業。二〇一七年，我以大山農村財團的員工身分，有機會一訪澳洲和紐西蘭的農業現場。在當時造訪的某家導入 CSA 的農場裡，我得以確認農業和消費者的關係。所謂 CSA 指的是「社會支持農業」（Community Supported Agriculture），為了永續經營農業體系，消費者支付一定的

會費給農民，在農場以會員制消費其生產的農作物的體系。在澳洲和紐西蘭，與農場累積了足夠信任的顧客們，不認為自己是顧客，而視自己為農場的一分子。顧客抱持的觀點並不是「幫助」守護信念的農場，而是「自助」。在他們的認知裡，當農場消失的時候，最大的受害者會是他們自身。

因此，農場必須確保擁有高水準的顧客群。這裡說的「高水準顧客群」指的並不是富裕或知識豐富的人，而是對農場的態度不同於一般的人。這些人不只是單純來購買優質商品，而是當農場無法繼續營運下去時，他們比誰都清楚自身會遭遇到的危機。高水準顧客群的存在本身就是有意義的。因為最後他們會證明品牌的價值。

第三個原因是透過差別化，建立資本力難以吸納的防護網，如同社群媒體的影片行銷趨勢一樣，雖然看不到即時效果，但是必須要建立起有錢也無法隨便模仿的差異化。

某些品牌出發的第一步並不華麗，也不特別，只是一一記錄農場的傳統文化和哲學，使之昇華，也能成為魅力洋溢的品牌。不是藉由一次投資致力於打造一個商標，或投入一次的努力在包裝上，就叫做打造品牌。品牌和農作物一樣，時時留意栽培是很重要的。最後，一點一點累積下來的專屬色彩會成為守護自身的防護網。

　　基於上述理由，直到今日，我結束農事回家後，就會開始處理品牌相關業務。白天從事農活，晚上建構品牌；兩者兼顧很麻煩，尤其當這一切成為了我的職業時。我不是想要獨樹一幟才創造出這種職業，而是我認為要在變化難測的市場上，和進口農產品或大企業進行較量，確保立足在穩健客群的品牌是小農的生存之道。

　　往後，農村需要更多的「品牌農夫」。

農業品牌的建立條件，
價值消費

　　二〇一六年高橋博之的著作《食鮮限時批》（「食べる通信」の挑戦）在韓國出版。書裡提到了二〇一三年創刊的《東北食通信》雜誌故事。《東北食通信》扮演了日本東北地區的農漁業生產者和消費者之間的媒合角色。

　　其實，生產者和消費者之間建立連結的概念並不陌生，但是這本雜誌使用的方式別具一格。雜誌以會員定期訂閱的方式經營著。每個月雜誌部會嚴選出特定地區的生產者，進行特輯報導，並且透過附錄，將該生產者生產的食物傳遞給會員，深度報導生產者們為了創造有價值的產物，所投注的心力和時間，以及經歷這種過程誕生的產物裡蘊藏的力量。

　　雜誌送到後，會員閱讀了裡頭的報導，烹調享用宅配食材，如此一來，會員們就不只是單純地收到食材，而是與生產者及他對自家農作物的驕傲相遇。此外，《東北食通信》創造了能讓生產者和消費者親自面對面的體

驗社群，建構了新的人際關係，全新的雜誌平台型態就此登場。

《東北食通信》把食材打造成了「思想產物」，默默地輔助生產者，消費者則是根據自身需求進行消費的既存模式，下了戰帖。生產者產出的不只是農作物，同時也產出價值，而認可這件事的消費者所做的是價值消費。《東北食通信》朝消費者們傳遞了「閱讀、烹調、享用、交流」的明確訊息。

這樣一來，生產者和消費者的關係開始變得密切，提升了生產者的自信心，並建立了穩健的顧客群。再加上出現了一群一旦生產方面產生問題，會當作是自己的事一樣挺身而出的消費者。

迄今，全日本已有三十七份不同縣市地區的《東北食通信》，各自獨立營運，《東北食通信》取得了巨大的成功；

同時，多戶農家在《東北食通信》的影響下，成為了值得信賴的品牌，站穩了腳跟。

「哇，這個好新穎。在韓國也生產這種東西怎麼樣？」
「應該會有很多農家感興趣吧？」

在品牌開發初期，我希望不光是用父母生產的農作物打造品牌，還要找到堅守價值的地方，攜手合作打造品牌。因此，我一有空就會尋訪韓國各地。

不過，維持「價值生產」的地方比預期來得少。有很多農場包裝得彷彿很有價值，但是展現的價值極少能打動人心。大部分的農場似乎都有不得不妥協的苦衷，在某種程度上放棄了價值。雖然，讓農家放棄價值生產的原因非常多，但是我個人認為是因為韓國消費者目前為止，還是排斥「價值消費」。

韓國不重視價值消費的現象，由餐飲業可見一斑。截至目前為止，精緻美食餐廳（fine-dining restaurant）在韓國依舊難以存活，過去有某一家精緻美食餐廳的菜單圖片變成人們的熱議話題。在白色餐盤上放了幾隻章魚腿的精緻擺盤料理，淋在章魚上面的是，經過數年的努力，研製出來的獨家醬料。有人開玩笑留言說「剛才這道菜是真的章魚嗎？」在這篇留言之後，有數百個附和的留言。雖然我不會無條件讚美「gastronomie」（法文，意思是將料理看成藝術），但對此，我無可奈何地感到遺憾。

　　掠奪和戰爭的歷史已經過去，儘管現在不再是會挨餓的時代，但是整體社會風氣仍然排斥價值消費。曾經有貴婦人搭著動輒一億韓幣上下（約新台幣兩百六十萬元）的賓士S級，來到我們農場買番茄，卻因為殺價兩千元不成而暴怒。無論消費者的收入水準高低，都一樣想買便宜的農作物，哪怕是只便宜幾毛錢也好。

不知道是不是因為大家太熟悉在生計困難時期，政府所推動的政策，韓國消費者不能接受高價的農作物。因此，雖然韓國農業處於市場經濟體制之內，但是農家並不能自訂售價。不管產出農作物之前，投入再多的費用，也只能接受既定的市場價格。在消費者認可由生產者自訂市場售價的文化生成之前，雖然感到惋惜，但是在韓國要出版類似《東北食通信》的雜誌並非易事。因為放眼韓國的農業構造下，堅持價值生產的生產者不易存活。

　　「這個真的是野生蜂蜜嗎？在一個滿布謊言的世界，總要有值得相信的事。」

　　假裝有價值的仿效並不難。然而，真面目曝光是遲早的事。我想起了在觀光景點的巴士前，賣打不開的雨傘的中國商人掩耳盜鈴的品行。上過多次當的消費者相信這個世界上不存在有價值的產品，以至於堅守價值的人們也無法以合理價格來銷售，這真是可悲的惡性循環。如果想要有

堅守價值的產出，那麼應該要讓生產者能徹底回收生產時傾注的心血及金錢，否則不管產物擁有多出色的價值，如果生產者回收不到相符的回饋，價值生產終將停擺。

說到底，鑰匙握在雙方的手上。消費者就算被騙也要增加「價值消費」。生產者為了建立信任，要進行多方面的嘗試。要如何建構信賴，要如何維持信賴，這些事關農業品牌的成敗。

第 2 章

從事農活

02

還是農場的建構農事法則：農作物品牌核心終究是農作物

「雖然市面上就有許多番茄，
　　　卻引不起興趣，
　　這就是為什麼一開始
　　就願意等待兩週。」

discover

種番茄的人為什麼
要買其他競品的番茄吃？

　　想正式打造農業品牌，優先之務是定義核心價值。這個部分和其他行業不一樣，不需要投入過多的時間和心血。因為不管怎麼說，農業品牌的核心價值早已被定義好。或許顧客一時間被完美的品牌故事和好看的包裝打動，進而掏腰包買下番茄；但是，一旦發現買回家的番茄不好吃，就不會再次消費。意思是，農業品牌的核心價值，就是農作物的品質。雖然精美包裝禮盒也會有一定的市場，但核心價值最終仍是農產品的品質。

　　「有買過其他農場的番茄吃嗎？」
　　「我們自己就種番茄，為什麼還要買番茄吃？」

　　據我所知，大多數的農場主人不會買其他農家的農產品來吃。他們認為，我自家就種這麼多了，為什麼還要買別人的來吃？雖然這樣說很抱歉，不過這種農場很可能根本不知道自家品牌的核心價值。要和市面上的競品有所區隔，關鍵在於能夠明確區分出自家的作物和別人家的作

物;然而,現在的情況是就連農場主人自己都分不出與他人的差異,認為自家種植出來的作物和其他農家種出來的都一樣,又怎麼期望別人能夠分辨得出來?

在我下定決心要打造農業品牌的時候,身邊的品牌專家都說「不容易。」有人批判說,雖然核心價值是農作物,但是農作物本身沒太大的識別度,又怎麼能打造出一個成功的品牌。以他們的觀點來看,這些話並沒說錯。現今的農業架構,農作物品質相差無幾,在此情況下,談農作物品牌的本身就是無意義的。

但是,吃過父親種的番茄之後,我看見了發展品牌的可能性。因為我看到了懂得區分及擁有判斷力的消費者。

「雖然市面上就有許多番茄,卻引不起興趣。這就是為什麼一開始就願意等待兩週。」

消費者比生產者想得還要全知全能，只不過是因為現在生產核心價值的農場並不足以滿足那些消費者。即使是現在，大多數的回歸農業的人，還是打算栽種市面上罕見作物。因此，我認為我存在著勝算。當然根據情況的不同，有可能賺到錢。但是，所謂農業，如果希望播下的種子能扎扎實實地在土壤裡生根，就得讓它成為能和其他地方媲美的作物才行。

「小東西，大不同」（Little Parts, Big Difference）

這是矢志用小小的拉鍊改變世界的 YKK 拉鍊公司的標語。細看衣服或背包的拉鍊總是會看到 YKK 商標。YKK 是一間叫吉田工業株式會社的日本公司。這家公司拉鍊占世界市場占有率 50%。公司官網寫著這句標語：「Little Parts, Big Difference」。即便是一個小小的拉鍊零件，透過堅持不懈地研究以及品質管理，就能製造出大差異，站在全世界的顛峰。乍看之下，這是理所當然的故事；但是，

比起品質，絕大多數的公司更追求高效率及高利潤。堅守的核心價值存在差異，最終那個差異創造出「要普通的拉鍊，還是要 YKK 拉鍊」。

　　農業毫無二致。看似微小的差異，但根據核心價值的差別，會產生巨大的差異。大多數的農場將產量視為核心價值，小規模的農場不改變這種想法的話，絕不可能讓生活好轉。比起產量，應該選擇品質。如果有哪家農場做得風生水起，就要去買他們的東西試吃看看，要掌握該農場的作物與自己種的作物的不同之處，以此作為農場品牌的起始點。

農事是要讓土地活下去

「要怎麼除草？怎麼殺蟲？」

「那些說想做有機農業的人為什麼口口聲聲都是殺生？」

「不能灑農藥，要怎麼做有機農業？」

「有機農業是使生命存活下去。」

偶爾會有農夫上門向父親請教有機農法。而這些找上門的人，無論男女老少，一開口就問如何除草和施灑農藥。

「土地要活著才行。」

「土地是農事之本。」

「土地死亡的話，再優秀的農夫也束手無策。」

「土地就如同活著的生命體，所以要讓土地活下去。」起初，我完全不能理解父親的意思。土地又沒有生命，為什麼說要讓它活下去？但是，如果稍微放寬思路的話，「土地是活著的生命」是再理所當然不過的話了。一抔泥

土本身是無機物，但泥土裡的眾多微生物卻自成一個錯綜複雜的生態界。一抔泥土裡存在的微生物數量，遠超過了地球的人口數，那麼土地可以算是一個宇宙。有機農業的本質就是要使那個生態界維持下去，唯有如此，方能解開交織錯雜的生態，回到原本的生態界狀態。要讓土地中的生態界活下去，才能談如何做有機農業。

如果打破生態界的平衡，最先坍塌的是在土地裡培育的植物的免疫力。免疫力弱化，植物就容易生病，也容易招來蟲害。神奇的是，能恢復土壤裡坍塌的生態界體系的，正是人們為了產量而無條件扼殺的雜草。雖然，對我們而言，雜草是無用之物，似乎只會損害作物，但是，落地扎根的雜草，付出了肉眼看不見的努力，讓土地裡的生態界回歸原始狀態。在過去，雜草只被當作是作物的競爭對手，而事實上，雜草算是作物的援軍；土壤微生物活性愈高，雜草的種類也會產生變化，量也會隨之減少，這是由於雜草漸漸地失去了作用之故。

把土地當作人一樣換位思考，就能輕易理解。人進食後
會消化食物，如果吃錯東西，就會腹瀉。腹瀉狀態持續好
一陣子的話，身體就會變差。身體一旦變差，免疫體系就
會受損，不管攝取多好的東西也難以復原。身體變差的人
能做的，就是持續服用藥性猛烈的藥（這些藥搞不好讓身
體變得更糟），靠著勉強灌輸營養，維持生命。

　　而土地也是如此。土壤也要分解有機物，並且進行吸
收。如果吃到了未發酵的腐爛有機物，土壤就會腹瀉。持
續腹瀉一段時間，土壤狀態就會變差。如此一來，土壤裡
的免疫體系會崩塌，就算灑再多的藥、提供再多的養分也
無法恢復到原本的狀態。

　　另一方面，如果土地能活下來，就不需要特別花力氣
去除雜草、抓害蟲。因為在活著的土壤裡長大的植物擁有
自癒力；就如同流汗難受一整晚之後，不藥而癒，能從病
榻起身的人一樣，靠自己就能戰勝病魔。而農夫要做的就

是，幫助土壤裡的生態界恢復到原本的狀態。

「錦繡江山又怎樣？韓國土地是全世界最難務農的土地。」

　　被冠上「世界最大化學肥料使用國」不名譽稱號的國家就是韓國，自譽為錦繡江山的自豪感有多大，羞愧感就有多大。由於單位面積的化肥用量過高，大韓民國土地裡的生態界平衡早遭破壞。加上，韓國的土地算是地球歷史悠久的土地之一，因此土壤有機物含量相當低。儘管嘴上喊著「身土不二」，但是韓國的土質比預期的更糟糕。

　　如果說，農業品牌的核心價值是農作物品質，而農作物品質好壞則有賴於活著的土地的話，那麼在死亡的土地裡施灑化肥農藥，形同製造工業產品；以這種情況下栽種出的作物，不管替它取了多響亮的名字、包裝多出色的品牌故事，也絕對無法成長為有生命的品牌。

有機農業的真正武器
不是安全

「因為有機農產品更安全。」
「因為吃有機農產品會變健康。」

　　人們在談論有機農業的魅力時，多半強調有機農業不使用農藥，非常安全。當我詢問顧客：「為什麼要吃有機農產品？」，答案大多跟上面說的差不多。在韓國，有機農業總是強調「安全」，就像是想證明這件事一樣，會購買有機農產品的顧客，大多是有小孩的媽媽、退休後想度過健康晚年的人，還有罹病在身的人。

　　在從事有機農業的時候，安全是基本條件，但卻把基本條件當成了一種武器。矛盾的是，韓國市場有機農產品使不上力的部分原因，卻正是因為這個。韓國人對有機農產品抱持著「安全，但是外觀難看，既不起眼也不好吃」的印象。如果不符合這種形象，好像就不是真正的有機農產品。驚人的是，就連從事生產的農家也帶著這種錯誤認知。某些農家一面承受損失，一面站在消費者的立場，為

消費者考慮，不願意消費者知道生產有機農產品的種種困難，獨自困在被害意識之中。販賣有機農產品的地方認為：「因為有機農產品很安全，消費者承受這些是應該的。」並主張國家應該要全部收購這些農產品。慣行農——即為了大量生產作物，使用化肥農藥的農家，這些使用慣行農法的農家會噴灑名為「肥大劑」的植物營養劑，或者是使用食用色素。雖然，慣行農法生產的農產品和有機農法生產的農產品，有明顯的差異，但並不是說有機農產品就一定外觀小、不起眼、或不好吃。栽培得好的有機農產品外觀大小適中，顏色和香氣俱佳，口感也結實。

「有機農業又難做，又賺不到錢。」
「就算向人們說明有機農產品很安全，人們也不相信，只會覺得貴。」

農家和消費者各行其道的理由有很多，但是我要澄清這是韓國友善環境認證制度的問題，其中包括了有機農產品。

韓國的有機農業認證制度，從判定基準開始就存在問題，不重視過程，以結果為導向。這裡我所說的結果指的是，檢驗是否使用化肥農藥。不管農事的耕種過程，只要最後檢查不出化肥農藥，就能稱之為有機農業。其他國家的有機農業認證制度並不像韓國一樣，以實驗室分析為主，而是親自造訪農場，碰觸土壤，觀察土壤裡的生態管理過程。

　　包含友善環境農產品在內，韓國政府為了推動有機農業，從二〇〇〇年代初期就開始推廣了大規模的育成政策。多虧如此，一般人都知道農業從業人員進行友善環境農業的同時，不但能得到政府補助，還能賺進更高的農產品利潤，參與有機農業的人數也隨之成長。

　　問題是，這些農家生產的商品品質。他們生產農作物時，用友善環境農藥替代農藥，用油渣肥料替代化肥。所謂的油渣，就是用各種種籽去榨油，取出植物性油脂之後剩下的渣。比方說，蓖麻籽、油菜、豆子和米糠等。把這

些剩渣當成主材料所製作的肥料，就是油渣肥料。但是，油渣在土壤裡分解速度快，一下子就分解殆盡，因此，很難改善耕地貧瘠問題。

換言之，只是改變了手段，但是土壤裡的生態系統狀態依然如故，甚至土壤生態系統的均衡，比起使用慣行農法時還要糟糕，再加上不經設計的施肥作業，以至於植物產生了硝酸鹽。雖然以安全為訴求，但是實際上別說安全了，就連基本的信任都喪失，這樣的結果真的好嗎？

如此不了解土地和產物的關係，僅為了通過有機農業認證，才從事有機農業，最終會造成有機農業無法永續經營的隱憂。因為，假如不復原崩壞的生態系統，僅靠不使用化肥農藥，是很難重振逐漸下滑的農作物產量，也不具任何魅力。

「有機農業算哪根蔥，要有魅力，人們才會想買來吃。」

人的舌頭非常刁鑽，擅長分辨有利於自己的事情，即使是微乎其微的差異，也能神機妙算一般察覺出來。我去澳洲和歐洲的旅途中，去過的有機農產品市場充滿了活力，在那裡遇到的消費者口中提到的有機農業極富魅力。有機農產品較為美味，蘊含豐富香氣，能保存更久的時間。再加上，能助環境和做農事的人一臂之力。

　　如今的韓國有機農業喪失了真正的魅力，徒然淪落成滿足上流階層的消費慾和炫耀慾的昂貴名牌貨。

　　哪怕現在也好，要致力推動有機農業相關制度的改善，以及改變社會大眾既有認知，如果被問起為什麼要買有機農產品吃的時候，能聽到以下這種回答就好了：

　　「因為不管味道、外觀、香氣，還是保存期，有機農產品確實更富魅力。」

農夫的自豪感

「母親為什麼不能成為履歷上的一行字？」

　　這是有名的保健品廣告裡出現的台詞。細看這則廣告文案，我想起了農夫。這樣看來，父母和農夫的共通點還真不少。雖然是不予承認的履歷，但是付出的心力卻是加倍的。一年三百六十五日，全年無休，受惠的對象往往把他們的付出視為理所當然。我結婚生子之後，發現為人父母有許多委屈之處，農夫也是這樣。親自投入農事，販賣農產品之後，我心裡不禁產生疑問，世界上還有比農夫更委屈的職業嗎？正是因為付出這麼多，我在想說不定會出現「養子如種田」這種話；不是單純地因為兩者共有的「栽培」概念，而是因為父母和農夫的處境極其相似──對人而言，兩者都是珍貴且不可或缺，卻也都是不被人們肯定，遭到忽視。在韓國，父母和農夫似乎就是過著這種生活。

「從什麼時候開始，大家這麼瞧不起農民的？」

「有不被瞧不起的時候嗎？」

　我好奇是不是每個地方都有一樣的問題。父親提過朝鮮時代，地主和佃農的故事；前者擁有土地，後者則負責農活。乍看之下，雙方是不合理的關係，但深入研究之後發現，這種關係就像是賭局一樣，打從一開始就已經定好了掠奪和被掠奪的結構，佃農無論如何都無法擺脫地主的陰影，累積財富更是妄想。自己收成的稻米被地主用不正當的方式奪走，農民不得不直面空蕩見底的米缸的現實，再次找上地主，向地主購買高價稻米。處於這種結構的農民，唯獨名義上是自由之身，但經濟卻依附於地主之下。這是朝鮮五百年歷史紀錄裡的農民生活面貌。其實，不管是在此之前，或是在此之後的日據時期都一樣，農民從未獲得真正的自由。在近百年的歷史中，期待這塊土地的農民能秉持自豪感，是過於殘酷的事。

　那麼現在的社會又是怎樣呢？儘管我希望經歷世代變遷，人們關注起健康飲食的同時，也一併改變看待農業及

農夫的態度，但情況一如既往。普羅大眾開始關心起健康飲食，但對於生產健康飲食的農夫和農業，仍然抱持著漠不關心的態度。希望人們用健全的思考去了解創造健康土地的農民的心情，是強人所難嗎？在這個時代，農民依然只是吃盡苦頭，竭力供應最便宜的食糧的存在。

「進入門檻真低；只要有一塊地就能當農夫了吧？不對，沒土地借一塊不就得了。」

「如果真的想當農夫，下定決心的那一刻起就是農夫了，不是嗎？」

我認為要永續發展農業品牌，最終關鍵在於尋找農民們的自豪感。為此，要調整這份職業的進入門檻才行。現在想當農夫太簡單了，只要有塊地就能當農夫；就算沒有地，去借一塊地也能當農夫；說得再誇張一點：「沒事做的時候，就去當農夫吧？」

「無論如何，青年農夫更聰明，學的東西更多，農事也會做得更好吧？」

最近我和熟人聊天時，聽見這句話，讓我受到了打擊。「青年農夫」這個詞感覺就像農事是一門需要專業的職業。至今，還是有很多消費者對於農業的理解還停留在只要播種，作物就會自己長出來。他們認為比起既有的「傳統」農夫，青年農夫念了更多的書，能種出更好品質的作物。同時，透過智慧農場（smart farm），使農事生產智慧化 —— 所謂的智慧農場，是透過物聯網蒐集的數據為基礎，自動打造最適合農場的從農環境。

但是青年農夫 —— 如同字面上的意思，是「菜鳥」，也是「業餘人士」。當然，就算度過了務農漫長歲月的既有農夫們，也不能百分百將其視為專家，以此類推，更不可能馬上視青年農夫為專家。務農經驗愈多，就愈發覺得這個領域的學習是永無止盡的。我懷疑在所有行業中，還有比這一行更困難的業種嗎？

如果說醫生的工作是替人治病，那麼農夫的工作就是讓人不生病。另外，醫生必須藉由學習專業知識和長時間的訓練，才能醫治病人；農夫也必須經歷相同的過程，才能去面對植物和土地。食物對人類有多重要，農夫承受的責任就有多重大，甚至比起任何職業人士都更沉重；正因如此，農夫也應該像醫生一樣，需要歷經實習醫師和住院醫師的過程。然而，卻經常出現一些人把周圍土壤搞得烏煙瘴氣，種出人類不能吃的植物──我指的是拋棄植物本質，種出不會腐壞枯萎的蔬菜。

　　農業曾被視為「天下之本」。雖然，我對實際上是否真的給予了相應的待遇，抱持懷疑的態度；但無論如何，現在是不是該重新思考農夫的存在價值，以及從事農事的資格條件，使農夫的自豪感得以生存？基於此種意義，必須徹底地策劃並實踐未來農業教育計畫。必須如此做，才能找到農業的自豪感，得以產生世世代代子孫永續經營農業的理由和力量。依循上述脈絡，制定農夫得以樹立自豪感的策略，是整頓農業品牌時最關鍵的要素。

智 慧 務 農 法

「自從換成智慧農場後，生產量大幅提升。」

「多虧了智慧農場，在家也能輕輕鬆鬆地用手機控制。」

「雖然是新手農夫，但是要開始務農並不難。」

　　最近新聞裡經常出現「智慧農場」的相關報導。在邁入高齡化社會，農業人口急遽減少的時候，為了確保國民糧食能夠安定供給，利用少數人力進行大量生產的體系不是選擇，而是必須。

　　但是，最近推動的智慧農場事業體系的發展進程，令我有些忐忑不安。像是將來農場使用智慧農場管理模式的情況；根據政府發表的聲明，能提高近 30% 的產量，減少 16% 的僱用勞動人力。真的會這樣嗎？舉例而言，0.3 公頃（約九百坪）的土地規模，撇去土地不談，光是設備投資費用就超過五億元（約新台幣一千三百三十萬元），不可能不顧一切就投入智慧農場事業。智慧農場最大風險是早期設備投資費用。此外，每隔幾年，就必須再次投資各種設備的

維修費；還有，韓國和荷蘭不同，由於韓國酷熱與嚴寒的季節交替氣候特徵，不能小看為維持恆溫環境而投入的冷暖房能源費用。

況且，大部分智慧農場適合生產使用養液（能使植物成長需要的物質溶解的水溶液）設備培育的番茄或彩椒等作物。最關鍵的是，農產品的價格並不會因為是智慧農場生產而提高。當然，比起農作物的品質，在更重視農產品的重量或產季的韓國市場，智慧農場能在農產品短期匱乏的市場競爭中爭取好處，但如果按照智慧農場如今擴張的速度，並沒有競爭優勢。

「對你來說簡單，對別人來說也一樣簡單。」

這句話的意思是，如果我隨隨便便就能務農，那麼別人也一樣；換句話說，這一行的進入障礙較低，資本家很容易就能透過智慧農場，涉足農業。結論而言，要提升產量

相當容易，那是因為現在智慧農場尚未普遍，所以存在競爭優勢，但按照現在這個趨勢發展下去，智慧農場變多，產量也會隨之提升，就會出現生產過剩的結果。不管怎麼看，這件事對農民來說，很可能是禍不是福。更大的問題是，如果鼓勵發展智慧農場的關係人士也遭遇到這種狀況的話，將無法找到其他的販賣通路。

「因為什麼原因，農夫才會像現在一樣辛苦？當然是因為賣不好！」

因此，智慧農場有利於大量生產的均一品質標準化產品，所以智慧農場擁有美好的未來。對於這種說法，我不以為然。要做到永續經營，就必須解決行銷通路問題。而要解決行銷通路問題，比起單純地增加標準化農產品的產量，應該要生產讓消費者吃得出差別的農產品才對。

「棒呆了！」

「草莓和蘋果吃起來口感一樣！」

有一位和父親一起研究微生物堆肥農法的夥伴——雖然那位已經過世，但對於他所栽種的草莓味道，至今我仍印象深刻。嘗過那個味道後，我認為能展現土耕栽培的真實風貌的作物就是草莓。

最近隨便都能看到消費者的食記寫著：「智慧農場栽種出來的草莓糖度高，更好吃。」如果那些消費者吃過從蘊含豐富有機物的土壤裡，所栽培出來的草莓，大概就不會說智慧農場的草莓更好吃了吧。因為水果的風味不能僅憑糖度決定。

當然，以化肥栽培的土耕草莓和養液栽培的草莓差別並不大，前者反而會比後者更糟糕。重量大小，還有特定產季的稀少性，能左右韓國農產市場價格；為了能在韓國的農產品市場存活下來，依賴化肥的土耕栽培因應而生。也

正因如此，社會大眾對土耕栽培的整體印象變差；對土耕栽培的普遍認知是，種起來辛苦卻產出不好吃、口感軟爛的水果栽培法。對此，我只能說非常可惜。

「以某種標準來說，『還是農場』*也算是智慧農場。」

我們的農場因應實際狀況，導入了自動開關、遮光保溫網和暖風機等現代化技術，它們能提高產量，並且讓農夫擺脫單純的勞動，而以更多樣化的技術務農。父親在判斷是否需要該項設備的時候，不會只考量能不能增加產量，而是選擇導入有助提升作物品質的設備。假使該設備有可能造成品質下滑，即使是能增加產量的設備，也會毅然排除。這樣看來，到目前為止，父親堅持土地才是能產出最佳味道的重要生產要素。另外，至今為止，父親沒有導入依賴分析並活用智慧農場提供的大數據的技術。雖然建構以土壤為本的農業難度高是原因之一，但主要是因為父親認為在溫度和濕度標準化的基礎上，能產出最佳品質的產物機率極低。

譯註
「還是農場」為作者自家農場品牌的名稱。

當然，有朝一日，科學發展必能打破所有的界線，標準化農產品的味道會占絕對優勢。但不只是韓國，包括了父親和我親自造訪的荷蘭、日本當地的智慧農場，我們試吃了這些地方的番茄後，確認了一個事實：到目前為止，標準化農產品的味道，還是贏不了優質土壤種出的產物。也因此，我們到現在仍未使用以培養基（提供培養植物土壤需要的營養素、適當的滲透壓及合適的 ph 值。根據形態的不同分為液體培養基和固體培養基）和以數據為基礎的養液自動化系統，而是打造以土地和農夫為中心的農場。我們這樣做的理由，並不是單純地想守護價值，而是想維持屬於我們的差別化品質。就算導入了適合的技術，也堅決不對品質讓步。這就是我們農場的智慧務農法。

「我們地區」的
農產品最棒？

「老人家，這個地區的農作物為什麼這麼好吃？」

「因為我們這一區的空氣好、水好、氣溫日較差大，當然會好吃！」

以上是每一個韓國國民都起碼看過一次的《六點，我的故鄉》（6시 내고향）節目裡的常見台詞。這樣看來，全大韓民國的農場幾乎位於好山好水環境、氣溫日較差大的地區。不管是哪一個地區，列舉的理由都相同，都聲稱自己居住環境中成長的農作物最好吃。那麼我想問：既然如此，還有區別農作物「產地」的必要嗎？

我去澳洲的時候，參觀過「農夫市集」（farmer's market）。農夫市集是當地農夫親自銷售農產品給消費者的市場。農夫們不需要負擔物流費用，又能確保穩定的交易對象，友善農夫；同時，消費者也能以便宜的價格購入品質佳的新鮮農產品。不過，從農夫市集的管理人員口中聽說的澳洲「當地」（local）概念，和韓國不太一樣。

「約四小時距離範圍內的農作物，就可以視為『當地』。」

在韓國，四小時是從北端開車到南端所需的時間。將澳洲的標準套到大韓民國身上，那麼所謂當地特產的話是無法成立的，因為韓國全國會被劃分為「一區」。從某一方面來看，我也不是很確定我們尋訪我國當地特產的行為究竟對不對。當然，就算是小地區，也會因為高度的不同，氣候也會跟著有所不同。由於每個地區的土質會存在些許差異，自然不能把韓國國土視為一體。

澳洲的當地標準不適合套用在韓國，但我提這件事的原因是，我希望認為地區環境比起農夫的生產技術更能左右農作物品質的錯誤認知，能夠被矯正。實際上，我親自試吃過Ａ水蜜桃、Ｂ秋刀魚、Ｃ蘋果等各地區的名產，卻屢屢失望。

「這就是Ａ水蜜桃嗎？以前不是這個味道吧？超難吃。」
「這是Ｂ秋刀魚！怎麼會這樣？有夠腥的啦。」

「C 蘋果這種味道，到底有名在哪裡？要榨成果汁才喝得下去。」

以好吃米飯聞名的 D 地區曾有這樣的軼聞。在 D 地區具代表的米飯產區——該地區生產的稻米品質是當地人最引以為傲的—— D 地區的代表們自信地進行了各種稻米的官能檢查。官能檢查是一種盲眼測試，是藉由人的五感，進而評價食品或香料品質的測試方法。結果，自信滿滿的 D 地區代表們得到令人錯愕的檢查結果。與預期的相反，原本他們認為「人們應該會選擇好吃出名、我們地區的米才對。」然而，人們選擇了其他地區種植的日本產越光米。因此，檢查場所的氣氛變得古怪。

可是，D 地區的米飯之所以會輸給其他地區的越光米，不能單純視為是品種問題。父親對於米飯口味的變化是這樣說的。

「最近，米飯的味道和從前不同，是因為完全機械化作業。從稻作收割前幾天開始，就要往田裡灌滿水，這樣稻米的味道才會好。還有，收割之後的曬穀方式也會左右米飯的味道，稻穀和稻杆要一起收割，才能保留稻穀的營養成分；所以說，用收割機收下來的米飯不可能會好吃。笨重的收割機進入農田，迅速排水，放在地面曬稻，馬上把收割的稻穀裝袋，這樣子收穫的米飯有可能會好吃嗎？」

　D 地區的農田從以前就以土壤肥沃著稱，可說是得天獨厚的良田沃土。D 地區稻米是因為農田便於灌水，有助收稻，過去才得享盛名。但如今，該地區引入收割機之後，只能提早排水曬田，導致情況有所改變。

　和我一起到「marcheat@」城市市集擺攤的農夫中，有 woobo 農場的李根以（이근이）代表。他親手插秧割稻，培育本土稻米品種。美國總統唐納德・川普造訪韓國時，青瓦台接待外賓的米飯就是出自他之手，絕對沒有不好吃

的道理，理由和上述內容相同。

　　我希望人們不要再犯下同樣錯誤，以地區論農作物品質。在農產品市場開放的情況下，消費者的口味變得更加吹毛求疵，光憑地區論是行不通的。雖然要努力了解如何適當運用地區氣候或是生態優勢，以提高農作物品質，但在那之前，應該先致力於提升各農家品質。

　　藉由農夫努力不懈的研究以提升農產品品質，當那一天到來時，就能打造以優質品質為評價標準的健全市場。唯有如此，我們的農作物才能在市場競爭中，占有一席之地，不再打著地區特產的旗號，否則終將迎來敗落。農業最重要的角色就是農夫。

無法世代相傳的農事
出不了匠人

有機農業名人、農業專家、最棒的農業技術達人等,從某個時刻開始,農業界也吹起了名人熱潮。

「令尊從事有機農業數十年,消費者們對於他生產的作物趨之若鶩,大排長龍,稱之為匠人也不為過吧。」

「務農哪有所謂的匠人?」

「為什麼這麼說?有很多受到大眾肯定的『農業技術名人』、『農業專家』、『有機農業名人』」。

「就算做得再好,一年不過播種兩次,就算一輩子務農,練習次數也很難超過一百次的,就是務農。這也是沒辦法的事。就算是架網這種簡單工作,也要架一百次才配被稱為匠人。做不到一百次的農活,怎麼承擔得起那種稱呼。」

我們時常毫無疑慮地,全盤接受社會所制定的基準。在農業領域,社會所制定的評價標準是什麼?難道不是熱忱和時間嗎?社會制定給農業的基準,和其他領域一樣,經

常都是數十年歲月和熱忱。

「汗水才是生產優秀農作物的最佳養分。」

不管是在哪裡，大家一定都聽過這種說法。但是，大韓民國絕大多數的農夫都是汗流浹背地工作，對農作物的熱忱比任何人更多。那是因為，如果不這樣，農作物馬上會死亡。甚至連農藥也都是充滿熱忱地噴灑。務農的熱忱，就像開車需要先考到駕照一樣，是基本條件，但是僅憑擁有熱忱，就能聲稱自己生產的是最優秀的農作物嗎？

農業需要淵博知識，涵蓋了生物學、化學、電學及物理學等各種領域，農夫只差在沒有證照罷了。從植物的角度來看，農夫等同於醫生和藥師，不過有農夫逃避著這項事實。回顧周遭，那些自稱匠人的農夫擁有可靠的十到二十年的務農經驗，借用我父親的說法，那些人務農經驗其實未滿五十次，但言行舉止卻像是各項農活，樣樣精通。在

這些人當中，有多少人沒有化肥農藥也能照常務農？還是有很多人依賴著檢驗不及格的農藥在務農，就像是沒有客觀的醫學知識，卻還是自信滿滿地以醫生身分自居，進行著無照醫療行為的蒙古大夫一樣。

「雖然長時間以來熱心地照顧著患者，遺憾的是患者病情毫無起色。」

「一顆退燒藥無法退高燒，那就試試看一次餵十天份的藥。」

雖然這種比喻過於誇張，但是有些農夫肆無忌憚的行動，和這種醫生差不了多少。從每年三月，四處充斥著沒完全熟腐的堆肥味道，就能證明這件事。我相當懷疑，如果問他們關於他們自己務農的土地鹽分飽和度（CEC）是多少時，有多少人能馬上答得出來。所謂鹽分飽和度指的是，判斷土地營養狀態好壞的基準及土壤維持水分的能力。每塊土地的鹽分飽和度數值都不一樣，堆肥的設計基

準也會隨鹽分飽和度數值而變得不一樣。

我絕對不是全然否定那些人在漫長歲月裡累積下來的豐富經驗，歲月必有其力量。但我想揭示的問題是，不曾探索研究過土地和植物，僅憑數十年的習慣務農，認定自己的方式就是正確答案的態度。農業自始至終都需要存有職業使命感和對於農業技術的學習探究之心。態度和技術的重要性，不相上下。

「這裡沒有可看的東西？」
「任何地方都有可看之處。只是你沒看到而已。」

我和父親造訪其他農場時，對於擁有類似面貌的農場，我總是抱持著厭棄的態度。父親卻表示，從成功的農場或不成功的農場裡找出的優缺點，都會像一面鏡子一樣，反映出我們農場的優缺點。因此，父親訪問其他農場的時候，一定會努力試著找出值得學習仿效的地方，哪怕只有

一個也好。即便父親在數十年的歲月裡，從事過數十次的農活「練習（！）」，但是父親至今仍表示自己是隻井底之蛙，只要出現了新的務農方法，父親一定會進行比較，絕不自滿於自己的技術，他還會說：「只有這樣，農業才能成為世代相傳的家業。」

「就算擁有出類拔萃的技術，但農事每次面臨的情況都不一樣，又怎麼可能出現匠人。」

我也不清楚這是謙虛還是提醒，但是父親的教誨，和以身作則的近四十年歲月寫下的紀錄過往錯誤的筆記，成為了我繼承農業的理由。

自營農和商業化農業的關係

　　自然栽培、有機栽培、慣行農法栽培，智慧農場等農法種類五花八門。這樣看來，務農初期要明智地判斷採用哪一種農法並不容易。大致分類的話，農業可以分成自然農法和商業農法，但是在兩者之中，哪一方能實際派上用場，應該支持哪一方，究竟該選擇哪一種農法才好？

　　前面提過，大韓民國的錦繡江山比預期的更不適合種田。在韓國務農和在其他國家務農存在著基本差異，因為像是德國或是日本等國家，他們本身的土地蘊含著豐富的有機物。那些國家的自然栽培和大韓民國的自然栽培，站在不同的起跑線上。

　　偶爾有些人會主張自己所使用的他國農法，是最適合土地的自然農法。他們表示務農應該盡可能不要牴觸自然，流多少汗就有多少收穫，貪心是最要不得的，農業未來要走的方向，不是提高產量。我無法承認不在自然環境裡進行的農活是「真正的有機農業」，唯有自然栽培才能守護自然。

「我使用的是設施栽培有機農業。」

「在設施裡面培育農作，算哪門子有機農業？」

什麼才是真正的有機農業？

來看一下以三無農法介紹的自然農法。三無指的是「無耕耘（翻地耕種）、無覆蓋材料（不用塑料覆蓋）、無導入（不導入肥料或有機農堆肥）。」

但是，這種農法難道不是違背自然生態循環嗎？為了人類，農業本應與自然並肩同行，我們必須要認可這一點。以整體生態系來看，農業是僅為人類著想，透過人為的方式重構環境、剷除各式各樣的植被（覆蓋土地表面的植物總稱），並在所整理出來的土地及環境裡，因應人類的需求，種下人類需要的農作物。為了方便種植農作物，因而減少耕地的害蟲總數，這一切所付出的一切人為努力，反倒是攪亂了生態系。舉例來說，除去植被會導致土壤基盤弱化，增

加土壤侵蝕，導致有機物難以自然地流入土壤之中。換言之，即便是自然農法，在水旱田裡只栽培人類食用的農作物的這項行為，就已經是危害自然；正像是嘴巴上說家畜很可憐，吃牠們會消化不良，但身上卻穿著皮衣一樣。

我談的並不是是非對錯的問題，而是農業打從一開始就已經不是自然的；人類在回歸自然付出多少努力，從自然所回饋的助力就有多少。

我想表達的是，農業終究不會變得自然，因此與其喊著要使農業回歸自然，還不如注意我們該採取何種的措施，才能達到最大效用，讓自然所承受的傷害減到最低，我們該注重的是效率性和復原性。但自然農法捨去了效率性。

「肥料要用這麼多嗎？」
「不懂就不要說話。就算用再多肥料也賺不了幾毛錢。」

那麼，以慣行農法為代表的商業化農業又是怎樣呢？偶爾看社區老人家從事農活，心裡會感到一陣恐懼，光是施灑化肥、農藥還不夠，還要耕作沒有塑料薄膜覆蓋的農田，人類真的認為如此任意地對待土地，也不會造成問題嗎？這種單純認為「到我的世代為止不會有問題」的心態，使身為兩個孩子的父親的我，一想到也許是我的後代子孫要承受這個問題，就輾轉難眠。

　　農收量有限，但是租借土地的費用、農械分期付款的利息，以及為了購買肥料和農藥投入的經費，卻是年年上漲；人們犧牲土地以節省成本，沒有餘裕去考慮未來，只能活在當下，這種行為就像是用拆東牆補西牆去應付信用卡帳單，用更大的危險去避開即時的危險。

　　由於自然農業和商業化農業都遭遇到相同的情況，我認為應該要揭示全新的經營模式才行，不只前述兩者，還有未來有意加入農業行列的人們，要保障這些人確實的農業

收益。要對消費者有利，也要能回饋社會。因此，我得出結論，自然農業的目標是，擷取部分的商業化農業優點，確實顧全不可或缺的效率性。

「微生物堆肥農法兼顧復原性和效率性。」

我們現在正在嘗試的微生物堆肥農法，能兼顧上述兩者。雖然需要一定的時間，說起從事農活的人要投入的金額和結果，是能產出利潤的農法。微生物堆肥農法要耕耘、要覆蓋，也需要導入有機物；不過我們靈活運用微生物，盡最大的力量在不讓自然感到不舒服的界線之內，有效率地滿足人類需求。同時，放遠眼光，一方面持續導入徹底發酵的有機物，以期提高產量，保全農收量；一方面不造成自然損害，令農業得以永續經營。

「種田的人，生活必須要富足才行。」

只有在生產者的生活富足的情況下才有可能維持不損害自然，又造福社會的農業。意思是不要以善意為名，去包裝貧窮和犧牲帶來的痛苦。務農者也需要享有經濟和內心上的富足。哪怕種出的番茄再出色，假若需要栽培者的過度犧牲，終將無法永續經營。農民心情愉悅，生活有了餘裕，才能生產出更棒的作物，也不會做出荒唐的舉動。

　　從地球的立場上來說，農業就跟肚子上的贅肉沒兩樣。既然如此，沒有贅肉會更好。但是站在人類的立場上，農業必不可少；以最合宜的務農規模，達到最大的效果，捨棄脂肪後才能打造出肌肉。

第 3 章

說故事

03

用品牌價值建構平凡的故事，使其變得魅力無窮，沒有人會把好聽話當一回事

「我從父母之處繼承的，
不是財產，是他們對待土地的態度。
我非常幸運地在不多見的父母的膝下長大成人，
全身心學習到兩位守護的價值。
本著此意義，
我是農業界稀有的『金鏟子』。」

storytelling

第一代有機農業，
兩個人的選擇

「為什麼媽媽的綽號是高麗雅羅魚？」
「因為你媽只能活在一流的水質裡。」

　　母親的綽號叫「高麗雅羅魚」，因為母親就像是只能活在一流水質清淨地區的高麗雅羅魚一樣，就算是在一百公尺之外的菸味，也會覺得難受。這是父親親自替她起的暱稱。母親第一次務農的時候，和父親一起到田裡噴農藥。噴農藥的父親安然無恙；站得遠遠、拉著農藥繩索，只聞到農藥氣味的母親，臥床了三天。

「我們又不是只種一兩年的田，而是要種田一輩子；身體要健康才行。」

　　一九八三年，為了母親，父親開始了當時還鮮為人知的有機農業，沒有人能教父親怎麼做，也沒有人能和父親一起做。雖然一開始，父親認為既然要務農一輩子，那就健康地務農吧，因此，開始推動有機農業；但是，父

親表示懂得愈多，就愈是恐懼於那些無視土地的農業——隨著歲月飛逝，農業的未來和希望一片渺茫。父親說愈是了解有機農業，就愈強烈感覺必須要重視這份生產人們食糧的工作。

「噴一次藥就好，幹嘛那麼辛苦？就算那樣做，又不會給更多的錢。就算給更多的錢，你不是也說你不會收嗎？」

「裝什麼亂世英雄，你這樣做有誰會知道。就算不這樣做也沒人會說話，現在還來得及，再慎重考慮看看吧。」

就連最親近的家人和朋友也是半開玩笑半建議父親，而一些同行農民的冷嘲熱諷也好幾次踰越了界線，父親大有藉口可以放棄有機農業。現在想來，那些為舊韓語獨立運動犧牲奉獻的人，經歷過的遭遇大概也差不多吧？就算如此，父親並沒有因此妥協，而是默默地耕耘土地。在適當的時機低頭妥協是人之常情，換作是我大概就會選擇妥

協。現在從事有機農業，生產出來的農作物會被大眾肯定為「名牌」產物，但在當時，從事有機農業，農作物販賣的價格大部分是不符成本的。

「兩千韓元（約新台幣五十三元）便宜賣我吧。」
「那些白菜賣兩千韓元，為什麼只有我們的是一千韓元（約新台幣二十六元）？」
「就算今天吃了明天就會翹辮子，還是先泡藥劑，讓作物變得大一點的好。」

我親自開貨車，把含辛茹苦種出的有機白菜運到聯合市場，拍賣員一致瞧不起我們農場的農產品；原因是我們農場的白菜，比起其他用了大量化肥，包括肥大劑在內的白菜還要小，儘管味道、香氣和口感都很好，栽種過程更是下了苦工，不過辛辛苦苦種出來的作物，價格卻是被硬砍一半。栽種的過程身心俱疲，迎來的卻是慘澹的下場。但也許是因為自尊心帶給父母的使命感，比

起瞬間的妥協所帶來的經濟富足，父母作出了光明正大，對得起自己的選擇。如果說，我不知道這件事就算了，既然知道就不能回頭。

「就只走到那裡試試看吧。只走到那裡看看。」

父母說著走走看，卻也走過了三十六年的歲月。在人要吃的食物上頭，沒有任何的退路，如果當初生產的是動物的食糧，情況會不會有所不同？

「為什麼不放棄？」
「怎麼可能沒想過放棄？只是想著『多撐一下吧』，就走到了這裡。」

小時候的我全然無法理解父母的選擇，不過活到現在，我好像稍微理解了一些。儘管現在的我還是保有二十多歲出頭的年輕心態，但是不知不覺間，我的身體已經奔向

四十多歲了。俗語說，韶光似箭，真不知道那些歲月都跑去哪裡了。生下孩子之後，時間過得更快，我下的結論是，在慾望驅使之下做出的選擇，到頭來對人生並沒有助益。但是，我卻時常面對於我所持的結論相悖的情況，而父母究竟為什麼選擇這種人生，我現在好像有些懂了。

什麼樣的人生是好，什麼樣的人生是不好，沒有一定的標準。沒有任何選擇是百分之百的正確。我在一旁看著父母的人生後，也對自己提問。而我認為跟著心中既有的答案去生活並不壞。因為天助自助者，我深信這樣子活過來的人生，多多少少有助於人。

第二代有機農業，以為是「土湯匙」的「金鏟子」

「我還以為其他人的家也比馬路深。」

「別說了。因為天花板太矮，媽媽嫁進門的時候帶來的衣櫃進不來屋子，有好一陣子放在外頭。過了很久之後，你爸爸才把房間地板挖開，勉勉強強放進來。」

　　一九八〇年代初期，在當年的農村裡，有幾戶人家的房子不是那麼奇形怪狀的。是因為父親總是替他人著想，不顧自身利益，以致我們家總是處於經濟拮据的情況。再加上父親執著於賺不到什麼錢的有機農業，用最近流行的「湯匙階級論」來說，毫無疑問地，我是「土湯匙」。其實，以我們農場的立場上來說，泥土比起金子更有價值，所以我倒不會對於「土湯匙」這個稱呼感到不滿。我並不會認為泥土是貶低的象徵。

　　雖然得不到其他人的肯定，但是父母一方面忙於需要加倍辛勞的有機農業，一方面在經濟負擔沉重的情況下，供孩子上私立大學，只得日夜不分地工作。可是，農業是日

出而作，日落而息的職業。有時連夜間照明燈亮起，晚自習結束的我都到家了，父母都還沒回家。就算如此，不懂事的我卻埋怨著父母。

「為什麼我不是出生在有錢人家？我也想像朋友一樣，體驗海外生活，說不定我能以更出色的設計師身分獲得成功？」

父母親克制了想要滿足孩子物質慾望的心，絕不妥協，就算要犧牲自己人生的全部也一樣；實際上，我小看了這些事的價值。

「你不是農業界的金湯匙嗎？」
「與其說是金湯匙，我是金鏟子。」

有時會有人問我：「你不是金湯匙嗎？」每當那時候，我會回答：「我是金鏟子」。我從父母之處繼承的不是財

產，而是他們對待土地的態度。兩位承受無數的苦難，忍耐著孤獨，讓我看到他們是如何終其一生守護自我堅信的價值。繼承家業的我非常幸運地，在這種少見的父母膝下長大成人，全身心學習到兩位守護的價值。本著此意義，我是農業界稀有的「金鑕子」。如果說什麼也不用做，茶來伸手、飯來張口的人叫做「金湯匙」的話；像我一樣的「金鑕子」就是，舉起鑕子，挖掘父母守護的價值。唯有如此，才有意義。

「我想種一次田。」
「了不起的想法，但是你辦得到嗎？」
「我也有點擔心，可是要試過才知道。我不是爸爸的兒子嗎？」

當然，在迎來選擇的時刻時，我擔心自己是否能像父母一樣，不向現實妥協。還有，相較於其他產業，農業不易獲利，而農業的勞動量需求，比起其他業種更多，我很難

鼓起勇氣，下定決心，全身心奉獻其中。因為專心致力於品牌化，偶爾才幫忙農事，和全面投入並主導農業，是截然不同的。

即便如此，假若我不舉起鏟子，替父母掘出立足之地，顯然是不會有人知道父母一路堅守過來的價值。為了報答我獲得的幸運，我認為身為「金鏟子」的社會責任，是要開發父母守護好的原石，向人們展示出積極生活的面貌，對他人也起到正面的影響。我不再是農業的邊緣人，而是正式地跨入農業的中心。我不是「土湯匙」，而是舉起「金鏟子」的人。

父 親 手 掌 的 痕 跡

「又拿出新手套了？」

　　學習農活初期，我經常換新手套，因為認為用太久的手套沾上泥巴會變得濕漉漉，成為滋長大批細菌的溫床，心裡一直覺得怪怪的。每到休息時間，我都會脫下手套吃點心，等到要重新戴上手套時，手套髒舊到讓我感到陌生，懷疑「這是我的手套嗎？」的程度。每次遇到這種時候，我都有想換手套的強烈慾望。雖然我是做 mock-up（試驗模型，實際把設計作品試做出來）的設計系出身，但不知道是不是因為過慣了都市生活，身體養成習慣，只要手一髒就受不了。我超級討厭指甲裡有汙垢；第一次務農時，就如同變身成電視劇《白色巨塔》裡的外科醫師，特別在意手套──在棉質手套上還會多套一層橡膠手套，才能完全地安心，似乎又能多拔一根雜草。為了保護這雙一無是處，只能用來吃飯的手，我矯揉造作了好幾個月。

　　直到某一天，我不經意看到了父親的手。父親的手給我

079

的最後印象是又白又軟，不亞於我的雙手。但是，那雙高貴的手竟然不知去向，只剩下就像是龜裂的農田一樣，滿布傷痕的粗糙雙手，而且指甲末端像是上弦月一般的月牙也不曾消失過。

看到父母的手，為人子女的我心情無比複雜。

「手會變得像那樣亂七八糟，我不應該再做農活了。」
「到底吃了多少苦，手才會變成那副模樣？」

儘管我對務農產生了抗拒及懊悔，但是看到父親的手，我只感到非常帥氣。父親的手積累父母表露於人前的行動，也影響了子女的思惟。父親不曾因粗糙的雙手而感到慚愧，無論何時，都對自己的雙手感到自豪。看到父親的模樣，我能真切地感受到父親的自豪。

比起做一下農事就喊累喊痛，嬌生慣養的我的手；父親

從修理機械之類的粗活，到綁繩之類的細活，都僅靠雙手就能搞定所有的工作，那雙手就如同問題解決專家一樣，帥氣逼人。那雙手留下的傷痕則像是父親一路走來的悠久歲月的勳章。

　　雖然有些人繼承家業，是因為能繼承的土地非常多，或是覺得放棄上一輩多年來的心血太可惜，但是若想讓子女打從心底想要繼承家業，果然還是得取決於父母的態度。如今，對於我指甲末端的月牙，我感到萬分自豪，像父親一樣，我的雙手是我作為農夫的驕傲紀錄。

成 為 幫 手 的 顧 客

　　我們的農場和工作不穩定的非正職勞工有著相同的處境。因為我們農場是處於變化莫測的環境中，僱用非正職勞工的農場。在二〇一八年，政府導入了在農收季節，聘僱外勞派遣到各鄉下自治團體的體系。我們農場作為示範農場，政府發配了兩名柬埔寨勞工過來；我不清楚年年派遣不一樣的人來，這些搞不清楚狀況的人手究竟能幫上多少忙。因為處於狀況外的人手反而有礙農事。

　　「如果人手不夠就直說，我去幫忙『幹農活』。」
　　「我心領了，不過……」

　　出於這個原因，我會極力謝絕那些表示願意來幫忙「幹農活」、當作務農體驗的熟人。

　　在番茄農場裡，所需的「勞動」熟練度相較偏低，以某種程度來說，是任何人都能勝任的重覆性作業，因此進入的障礙非常低，薪資很難訂高。而由於薪水少，農場的工

作乏人問津，雇主就算有意願提高工資也沒辦法。因此，對於人手問題束手無策。

　　農村人口嚴重流失，縱使政府推動返鄉歸農獎勵政策，但是絕大多數的人回來都想當經營農場的雇主。這樣下去，即便農村人口得以維持，但是雇主占了絕大多數，也無法期待這些雇主，能像過去的小規模農業，雇主之間形成互助協力文化。首爾因為缺乏工作機會，處於混亂，農村因為缺乏勞動人力，也陷入混亂。要想解決兩者的差距，需要建立什麼樣的體系才好？

　　「那戶人家的人手夠嗎？」

　　因為人手不足，每到農收季節，農村居民見面，比起問候對方「吃過飯了嗎」，更常問的是「那戶人家有人手嗎？」，這正說明了農忙期間，大家最關心的就是人手問題。農村人口從很久以前平均年齡就已經超過七十歲，能

勞動的老人家寧可拿一個塑膠袋在社區裡散步閒晃，尋求政府提供的「公共勞動」職缺，諷刺的是連續好幾天新聞報導著缺乏工作機會；每當看到那種新聞時，我的心情就如同在羅馬市中心的梵蒂岡，明明身處相同的國家，感覺卻像處在不同的國家。

在農村裡打著燈籠也找不到勞動人力；像我們這種小農一年裡要做的事不多，主要是播種期和收成期才需要大量人手，由於平時沒那麼多活，很難聘僱人手。因為農忙時缺乏人手，家人們也沒辦法撒手不管農事，因此在收成季節尋求能工作的人，經常是一場戰爭。

但是，在陰錯陽差之下，偶爾會遇到珍貴的緣分。

「我下訂單有一段時間了，為什麼番茄要等這麼久？」
「抱歉。因為太缺人了，我們沒辦法採收熟透的番茄。」
「我家就在附近的城市，如果缺採收番茄的人的話，我

方便過去幫忙嗎？」

　　一開始，我還以為顧客在開玩笑而不當一回事，但是幾天後，那位顧客卻真的找來了農場。即便無法給予符合標準的工資待遇，在那之後，超過四年多的時間，那位顧客只要一到收成季節，就會變身成我們農場的珍貴人手。雖然現在他的身體狀況變差，不能再來幫忙，但是他的心一直與農場同在。數年來，為了採收番茄專程跑來，採收番茄領域的佼佼者非他莫屬。對於他的身體狀況，我們真的非常地遺憾。

　　除了像是玩笑一般開始的緣分之外，每一位顧客的真心應援成為我們農場莫大的力量，遇到困難的時刻，四面八方的顧客會伸出援手；多虧如此，繼承逐漸消失的有機農業的我，並不孤獨。

新發現！裂掉的番茄

從五月到七月初為止，我們農場就會進入「戰時狀況」——驚人的配送戰爭。配送範圍從住在附近的臨月邑，好幾年不斷向我們訂購番茄的老爺爺家，到經營著近期濟州島人氣咖啡廳的老闆。我們一天大概會和一百二十到兩百個地方進行販賣農收物的直接交易。這樣看來，我們農場的番茄遍布全韓國。在這個時期，我壓根想不起一天是怎麼開始的，又是怎麼結束的；每天都忙得不可開交。

雖然如此繁忙，但還是有需要細心，下苦工的作業——就是番茄的分揀。在把要做加工果汁的番茄，分門別類放置的過程中，有不少番茄進到了我嘴裡，因此這種時候不太需要點心休息時間。

「自從你來了之後，要送去做加工果汁的番茄量好像變少了。」
「挑著挑著太想吃了，不知不覺就吃起來了。」
「怎麼樣？裂開的最好吃，對吧？」

以上，多數為父親的多年經驗之談，並不是出自特別檢查的結果，而是經由舌頭判斷出來的。我很難用言語說明，雖然裂掉的番茄真的比較好吃，但我還是經常想要確認，並不是信不過父親說的話，該說是習慣成性。接收到客觀的情報之後，必須要親自確認才能安心的消費者心態嗎？這次也一樣。我在親自確認過客觀的情報之後，才承認了這件事。

　　「果然裂掉的最好吃。」

　　番茄最美味可口的時候，是當番茄還掛在枝藤上，由於完全熟透，表皮自然裂開的時候。根據美國農務部的實驗結果，枝藤上熟成的番茄的香氣，是還沒全熟時就被採收的番茄的十倍，其中不管是維他命 C，或是茄紅素抗氧化效果，幾乎是前者的兩倍。

　　比起加工後再吃，韓國人偏好吃生番茄。因此，為了降低配送過程裡，發生番茄軟掉或是裂掉的憂慮，主要會在

番茄沒熟透，果肉結實的狀態下採收配送，偶爾需要配送名為完熟番茄的大番茄，雖然這種番茄在還沒熟透之前先採收，但是透過番茄的內生乙烯，使其熟透，一送到消費者的手中就變成了如名字一樣的完熟番茄。大部分的農家都會採收未熟透的番茄；但為了傳遞給消費者最棒的味道和香氣，我們農場強烈堅持採收在枝藤上熟透的番茄，因此，有時會稍微錯過了時期，以至於番茄出現了裂紋。吃番茄是吃果實，有沒有裂痕有什麼關係。

在農場直接吃裂開的番茄不會有問題，但是如果遇到配送的情況，就另當別論；雖然使用具有隔熱效果的配送箱，但是遇到炎夏，外部環境溫度過高，加上要轉運五次以上，在充滿熱空氣的配送貨車上下貨的過程中，碰撞了裂掉的番茄，滲出汁液，進而影響到旁邊其他的番茄，使得番茄一個又一個地讓裂痕擴大。

只要運送過程稍有不慎就可能上演：寄出時是番茄，收貨

人收到的是番茄糊（tomato puree，脫水軟爛的西洋菜式醬料）的戲碼。

　　幸好我們一直以產出最美味可口的番茄為家族責任，收到番茄糊的消費者，偶爾會發來番茄糊的照片及不滿的訊息；也有人說收到時太多番茄都裂掉，質疑我們怎麼能寄出那樣的產品。現在雖然習慣了，不會太介意，但是剛開始的時候，因為煩惱要怎麼把我們的番茄完好無損地送達，反而被罵得更慘，還因此產生了嚴重的自我懷疑：「我是為了誰才搞成這樣？」

　　現在，因為我會向所有的顧客說明配送過程，並且介紹番茄保管方法，所以愈來愈少收到不滿的訊息。但很可惜，現在依然有很多人不知道裂掉的番茄的真正價值。消費者若能更清楚農家的作業過程，這樣從事裂掉番茄挑揀作業的農夫才能「居功」炫耀；說不定顧客發現裂掉的番茄會高喊「老天爺啊！真是太棒了」的時代會來臨。也就是說，找到完熟番茄變成了世上最難的事情。

好好吃飯

　　小時候，不知道是因為每到郊遊日的早上，心情就很雀躍，還是因為食物的香氣，讓平常痛苦的起床變得甜蜜；當我走過黑漆漆的客廳，循著香氣，走到了亮燈的廚房，揉揉眼睛一看，會看到母親正在做紫菜包飯。母親的紫菜包飯的食材包括了：有機種植的本土品種的稻米；在庭院裡養的雞下的蛋；在家旁邊的田地現採的香氣濃烈的菠菜；口感爽脆，胖呼呼的絕品白蘿蔔；稍微翻炒過，一點也不油膩，滿口甜味的紅蘿蔔；以及**母親親自栽種的芝麻及其製造出來的芝麻油**。母親的紫菜包飯的威力強大到讓我懷疑郊遊前一天的歡欣雀躍，不是因為郊遊，而是因為紫菜包飯。

　　「好久沒吃紫菜包飯，**就吃紫菜包飯吧？**」
　　「吃什麼都好，除了紫菜包飯。」

　　這樣看來，小時候愛吃的紫菜包飯變成了現在最討厭的食物。原因在於進入職場之後，每逢加班都會吃紫菜包飯；不過，這不是全部的理由。追根究柢，是因為紫菜包飯的

食材逐漸喪失原味，每次吃好像都會消化不良，因此，我開始對紫菜包飯產生抗拒感。如今，從泡菜紫菜包飯、起士紫菜包飯、辣椒紫菜包飯、牛蒡紫菜包飯、鰻魚紫菜包飯、到炸豬排紫菜包飯和鮑魚紫菜包飯等，族繁不及備載的紫菜包飯。雖然邁入了紫菜包飯天國的時代，卻很難找到能使我激動的紫菜包飯。從紫菜開始，到紫菜包飯裡使用的每一道食材，吃起來味道都一樣。縱使是吃紫菜包飯也會好好享用料理的時代過去了。

「要好好吃飯。」

上大學離家之後，進入職場工作的我，偶爾打電話回家問候父母的時候，父親總是會這樣說。當時我只覺得那是父親的口頭禪；如今想來，那是父親對在大城市上班的兒子不可或缺的叮嚀。

現在的社會，人們吃飯是為了活著，但不是為了吃飯

而活著。要做到「好好吃飯」難如登天，人們養成習慣，在超商裡隨便買一條紫菜包飯打發一餐，就是「沒好好吃飯」的代表性行為。

　　那麼，想要好好吃飯該做什麼呢？首先，「下廚做菜」。洗手作羹湯是好好吃飯的基本條件，就算再麻煩也要想成是送給自己的禮物，走進廚房，煮出一頓飯菜。不過大多數的人和料理之間存在著一堵高牆，即便最近美食節目當道也一樣，人們愈來愈追求生活的便利性，對麻煩的事缺乏耐性。

　　如果能不嫌麻煩，自己開始動手煮食的話，那麼究竟怎麼樣才叫好好吃飯？在我收藏的電影中，有一部由森淳一導演執導的日本電影《小森食光》（リトルフォレスト）。主角厭倦了都市生活後，拖著疲憊的身軀，回到了鄉下，用親自栽種和收成的新鮮應季時蔬，真誠地對待每天的每一餐；這部電影分成成夏秋篇、冬

春篇。看完這部電影了解到人們吃東西的過程有多短，身體感受得出來。電影主角市子用每一項食材，充滿誠意地做出每一道料理，這些過程都是有理由的。吃飯不是純粹為了「解決」一餐，應該理解為要好好「充實」一餐。

電影裡的好好用餐是這樣的。就算不親自栽種食材，也要關心重視食材，懂得如何區分食材。回顧人們追求便利而省略的東西，會不會反而是最重要的東西？提供人們機會，重新審視與辛勞相伴的一連串行動。

來到超市，小時候看過的眾多品種的農作物早已絕跡，現在免洗的蘿蔔和沒洗過的蘿蔔，取代了原本擁有各式各樣色澤和香氣，品種多樣的蘿蔔。馬鈴薯和南瓜也一樣。各式各樣的食材讓便利的食材取而代之，隨意解決一餐的我們的錯誤，原封不動地陳列在架上。

縱使是現在也好，我們應該要關心「吃的東西」和「製造吃的東西的人」。希波克拉底說過：「我們吃下去的東西會變成我們自己。」「還是農場」的品牌初衷就是希望成為讓人們好好吃飯的出發點，每一天我所吃下的東西一路累積，最終變成了我自己。每一天都應該要照顧好自己。

第 4 章

取個好名

04

取個符合自己的名字：
答案就在彈精竭力找出的那個自我裡。

我在一旁看著父母的時間已經超過三十年，
最常聽到的話是『還是』。
靜靜聽下來，這個單詞乘載超過三十年
從事有機農業的父母的人生
似乎最接近父母的人生。
儘管兩人疲憊又孤獨，
但始終不渝地走在那條路上。
因為我原原本本地承接了那條路。
因此，誕生了『還是農場』這個名字。」

naming

品牌命名，不能隨便

「太陽（陽光）、天空、星星、清水（碼頭）、平原（院落）、清淨、自然、山、林、生、綠色（green）、古早（昔）、地區、家、愛、希望、誠意、農、胸懷、呼吸、真理、夢想、健康、安心、新鮮……」

韓國個人農場品牌，或是各地方自治團體共同經營的農作物共同品牌名稱中，刪去上述的單字之後，剩下的品牌有多少？

上面的字詞乍看之下，似乎忠於農業本質，但是全部放在一起時，卻無法凸顯品牌的特色。把錢投資在替某地區或是某一個農場的特產做宣傳，推動了品牌化過程，但是，品牌化的成果並不足以提高顧客信賴度及提升產品品質。上面所列舉的地名或是品項，直接嫁接了產區或產品的屬性，但是在品牌名字裡放入這些屬性真的就能完全展現品牌價值嗎？這樣子打造出來的品牌，真的能創造出足以存活在競爭市場上的差異化嗎？客觀來看，答案是否定

的。在此我要談的是農家個體戶，而不包括地方自治團體經營的品牌。原因是，地方自治團體共同品牌的品牌化過程相對短暫，加上該共同品牌必須結合各地方自治團體，品牌名字裡必須放入該地區的名稱。但如果個人農家試圖使用上面那些單詞，凸顯自家農場的特色，那麼差別化已經失敗了。

「我太喜歡希望這個單字，所以取名為『希望農場』。」
「因為我在清淨郡種田，所以取名叫『清淨郡農場』。」

如果農家表示滿意，我也沒別的話好說。但是，作為一個品牌開發者，我感到非常鬱悶。

為了進行品牌命名，要先對品牌的受眾地域定位、受眾對象、既有競爭者的命名等，進行基本調查才行。之後，需制定符合當前環境的策略方法，必須確切知道想建立什麼樣的品牌形象，品牌如何定位等等。此外，品牌名稱應

該要能反映販賣的農產品屬性、農場的文化和歷史、以及農家想體現的價值與哲學等。

　　如果能實現上述命名原則，先決定好品牌的概念主軸，再列出符合概念的名字候補。品牌命名有很多不同的方法，不只是韓文，除了還能用英文、漢字和日語之外，還可以調查其他各種語言，像是合成語、擬聲語和擬態語。品牌命名必須全盤考慮能使顧客高度聯想到品牌核心價值或品牌故事，代表性方式有直接結合兩個詞彙，或是同音反覆，或是縮略語等。從列出的候補名稱中，審視名稱的語言是否合適，也要檢查選定的名稱是不是可以用來申請註冊商標。如果在拓展品牌的初期，忽略了這部分，很有可能會成為將來的絆腳石。

　　「還以為是拍照的，但原來不是攝影師；以為是寫字的，但原來不是書法家。」

就像這句話一樣，打造品牌也屬於專家領域。品牌命名和開發品牌標語需要專家。我個人的建議是，不要只相信自己的認知，而要接受專家的幫助，建立品牌策略讓專家領導前行。往後，品牌區分和品牌差別化會逐漸成為下個時代的競爭核心。就算是相同商品，選擇信賴品牌的顧客人數會增加。每年有無數的品牌誕生，但是能讓消費者留下印象的品牌少之又少，其中一方面能維持獨創性，一方面又能提高價值的品牌更是鳳毛麟角。彰顯品牌的困難度如此之大，而我們正在這樣的市場上展開競爭；因此，企畫一個品牌時，不能像是取隔壁鄰居狗的名字一樣，難道不是嗎？

在標準化的流通系統裡，親手栽種出的珍貴農作物像被驅逐出境一樣，販賣的產品失去自我特性的事實，令人惋惜。同樣地，有些產品只是包裝設計做得好，看不出產品的實際本質。我由衷希望農夫們都塑造出能彰顯自我特性的品牌，希望農夫們的品牌都能塑造出擁有自我哲

學的農產品形象。有許多品牌，因為心急，滿足必需條件之後就貿然地進入市場，以至於在進入市場的那一瞬間變成了虛有其表、無法入眼的品牌。農業界正在迎來一個新的世界，需建立產品特性，建立品牌才能找到活路，而對消費者來說，隨便的品牌命名也應該是別人的品牌才會發生的事。

「還是農場」——承載著父母過往歲月的農場名稱

「您好，是元家農場嗎？」

我們農場原本叫「元農園」。即使是現在，很多老顧客還是會叫我們農場為「元農園」；但是知道「元農園」真正意義的人並不多。大多數的顧客猜測是由於父親和我姓元，才以姓氏替農場命名。所以有很多時候，顧客們不是稱呼「元農場」，而是喊「元家農場」。

其實，父親是使用了「元首」的元字，才起了這個農場名字。「元首」有「許多事物中最出色的」的意思，但是，在韓文裡也有「成為根本或基本」的意思。一方面忠於根本，一方面成為最棒的，要兩者並行並不容易；然而這個名字承載著「一面忠於根本，一面打造出最棒品質的農事」的心意。當然，單純聽到「元農園」這個名字很難馬上理解箇中意義。

因此，我上大學的時候就已經在苦惱，要起什麼樣的名

字，才能讓人立刻明白我們農場哲學。同時，我希望這個農場名字能承載著父親和母親的人生歲月和信念。在我大學畢業進入職場之後，又為此煩惱好些年。從那時起，我也調查過很多農場的名字，考慮過各式各樣的方式，但是沒找到能打動我的名字。我試著組合過所有的單詞，但是總覺得哪裡彆扭，不像是屬於我的名字。為了尋找好的單詞，一有時間我就會跑去書店，閱讀數十本散文。然而，某個瞬間，我突然想起了父母親一路走來，最常掛在嘴邊的話。

「這樣子做，誰會知道？」
「就算那樣，該做的還是得做。」

我問過父母，他們覺得在從事有機農業時，什麼事最辛苦？兩位的回答是孤獨。即便是最親近的家人也會問他們為什麼要這麼辛苦。住在鄰近的父母的朋友也會半擔心半嘲笑地說，做這一行賺不到錢，淨吃苦。其實到了現在，

儘管有機農業變得普遍了，也有許多顧客聽過有機農業；但是在一九九〇年代，說自己從事有機農業，總是會被認為是腦子壞掉的人。

「別人都輕輕鬆鬆地施肥，你們幹嘛做到這種地步，搞得這麼辛苦？」

我們農場會親自製肥，一年施一次肥，但是肥料量出乎意料地有一百二十噸之多。製肥既費事，還伴隨著昂貴的費用和辛勞。知道這件事的社區老人家們經過農場前，看到我們在製肥的場面，總是發出嘖嘖聲，叨唸個幾句。但是每當那個時候，我們總是給予一樣的答覆。

「別人都換成便利的方式，我們也換個方式怎麼樣？」
「什麼話，就算別人都那樣，但是我們還是不能隨波逐流。」

「只是稍微調整方式而已，有什麼關係？」
「話是那樣說，**還是不應該那樣做。**」

　　如今回想起來，小時候我和父母總是進行這樣的對話，答案就像是水壩坍塌之前陸續漏水，最終一次性爆發，原來父母的話裡就有答案。

　　「還是不能，還是不應該？還是！」

　　待在父母身邊超過了三十年，我最常聽到的話是「還是」。仔細想想，這個詞彙似乎和從事三十年有機農活的父母的人生最相似。父母認為農事不是一門生意的原因，這是一份在「生產人們要吃的東西的工作」，一定要守住根本，不能向現實妥協。這條路大多不平順，勞力費時，而且沒有指引方向的人。即使如此，還是──父母依舊還是，踏著沉重但始終如一的步伐走過了三十多年。我不需要再煩惱農場該取什麼名字。雖然又辛苦又孤獨，但是父

母始終如一走來的那條路，農場名字要原封不動地承載那條路。如果想成為每個人都會牢牢記住的名字，那麼名字裡就得蘊含指引著品牌不斷前進的品牌精神。在一個叫做「還是」的詞彙裡，凝聚了人、人生及歲月。

不 妥 協 的 成 果

「『還是農場』的意思是就算不給錢，還是願意賣？」

在開發品牌初期，人們聽到農場名字叫做「還是農場」，時常誤解農場哲學。雖然我並非有意造成人們的誤解，但是農場名稱無法徹底傳達父母一路守護過來的價值的事實，令我惋惜。我忽略了即便是深思熟慮之後完成的名字，人們依然有可能會按個人喜好和想法去分析它。我領悟到不是取好名字，品牌命名就結束了，而是要建構區別及關係，因此我決心開發能輔助「還是」這個詞彙的品牌標語。

品牌標語是用來彰顯精簡品牌形象，及表明品牌的行動方向的良好溝通道具。藉由品牌標語，協助消費者們更明確地理解品牌，一窺品牌核心價值。

品牌標語扮演許多角色；它可以誘導顧客行動，可以說明品牌名不夠清楚的部分，可以展示品牌風格，也可以刺激消費者。由於我們農場不是那種需要廣告行銷來瞬間吸

引消費者購物慾的企業，因此在打造品牌標語時，我著重
於說明品牌名稱不足的部分。儘管「還是」兩字已經蘊含
著品牌核心價值，但我想再次對人們說明清楚。

　　就像前面說過的，「還是」這個詞彙展示了數十年來絕
不妥協，一路忍耐下來的父母固執，以及因此贏來的、名
為土地的成果。成果也有著農獲的意思，也就是在農業品
牌裡最重要的核心價值。歷經千辛萬苦才贏來的土地，以
及在那塊土地上收穫的每一顆番茄的珍貴。我開發了契合
上述意義的標語。

　　「絕不妥協，一路守護的我的成果。」

　　雖然這個標語並不像大企業的品牌標語一樣，會誘發人
們的好奇心，或琅琅上口，或明快時尚；但是它蘊含著時
間流逝也不改變的價值，運用了像是直接和消費者對話一
樣的敘事表現方式。

我認為農業品牌，比起打造低廉的商標，更重要的是經過深思熟慮後創造的品牌標語，然而大部分的農業品牌，沒有品牌標語，只聚焦在平凡的商標上。從現在起，思考一下自己的品牌哲學及品牌未來的方向，試著用簡短的字句來表達如何？說不定那簡短的字句裡，能賦予品牌生命力。

由消費者參與命名的
番茄品牌 ——KITO

「『KITO』是什麼？」

「『KITO』……說來話長……」

　　一開始要回答這個問題，需要花很久時間。在事業初期，就算建立好品牌策略，也取好了農場的名字，還是有好一陣子被番茄的產品名困擾著。因為「○○○番茄」給人的感覺太老套了。因此，比起由我自己來替番茄命名，我決定讓消費者參與命名。雖然可以藉由工作營來進行此事，但因為缺乏資金和人力，我先以客戶回饋心得裡所聽到的內容為基礎，慢慢地製作資料，接著再把蒐集來的資料裡那些必須列入考量的要素，一個不落地列舉出來後，**找出共通分母後，套用公式來命名：**

「大約要等兩週才能收到。」

「太棒了。真的太好吃了。一級棒。」

「長得非常漂亮，很有生氣的樣子。」

「看來土地很肥沃。」

「這不是番茄，是奇蹟！奇蹟。」

「每天都在吃的番茄，口感卻微妙地不同。」

「香氣妙不可言。」

「太想吃到了，要等到什麼時候才行？」

　　仔細回想顧客們吃過番茄之後所說的話中，一直不斷重複出現的詞彙；我挑出其中最引起我注意的單詞「KI」，加上取番茄英文單字 tomato 的開頭「TO」，結合兩者，創造了「KITO」的番茄品牌名 *。

　　多虧了顧客們各式各樣的讚歎反應，讓「KITO」可以有很多解釋，顧客可以依照個人的喜好喊「KITO」。有些人覺得是「很棒的番茄」、有些人覺得是「得經過等待才吃得到的番茄」、有些人覺得是「奇蹟的蕃茄」等，消費者喊出屬於自己的「KITO」。從一開始，我的命名戰略就是希望不要只侷限於單一意義，要能滿足多樣化的目標，就像響應式網站（responsive web design）一樣，每個人都可以用自己的觀

點去解析。這樣看來，這個名字的缺點是，想要說明有包羅萬象的意義的詞彙並不容易，但是至今為止，它變成了我和消費者的溝通媒介，充分發揮了它的功能。

　　用新穎的技術
　　在肥沃的土壤裡
　　培育出朝氣蓬勃
　　有著微妙的口感和
　　絕佳的香氣及
　　讚不絕口的味道
　　需要漫長等待才能品味到的
　　奇蹟的番茄
　　『KITO』
　　獻以最佳價格

　　要尋找滿足一切條件的詞彙絕非易事，但是只要以持續的溝通去填補那不足的部分即可。或許「KITO」不一定

譯註
韓文裡，等待、奇蹟、棒、讚都是以「KI」音開頭

對每個人都具有特別的魅力，足以使所有人印象深刻的名字，但它大致滿足了我制定的策略。

「我們家孩子不吃一般的番茄，只吃『KITO』。」
「『KITO』是新的番茄品種嗎？」
「市面上有多樣品種的番茄，但是沒有『KITO』。」

就這樣，「KITO」一步步建立起確實的差異，既順口，又能和其他番茄做出市場區隔，並且賦予消費者參與的品牌意義。「KITO」是大家一起創造的品牌名。

傳達優質產銷鏈意義的 禮盒命名── 「還是農場的土地紀錄」

「高級柿餅高級禮盒二號。」
「名品韓菓四號禮盒。」
「優質名品三號堅果禮盒。」

　　因應節日到來，市面上出現了各式各樣的禮盒。雖然禮盒名包裝得很好聽，但是卻一點都不像名牌。更不要說，名字上面還有號碼，如：一號、二號和三號等分等，購買者的心情絕對不可能會開心，既無法反映收禮人的心情，或是送禮人的誠意，只有內容物昂貴罷了。

　　「吃了小嫂嫂送來的禮物，太好吃了，我也打算買一份送熟人。」
　　「從認識的教授那裡收到禮物，包裝文案很不錯，東西也挺好的，我也打算買一份送給重要的人。」

　　我仔細檢視了我們農場番茄是如何送到顧客手上，大多數是以禮物型態送到消費者手中，為了以最便宜的價

格送到大多數的人手中，我們堅持販賣基本商品。但是在我確認過消費者購買心得之後，我有了新想法，希望這份禮盒能傳達更多的心意就好了。因此，我開始為開發禮盒煩惱。

禮物有著尊敬、親近、愛情和感謝的意思。不是單純送禮而已，應該是獻禮。我集中研究以還是農場番茄作為禮物的人想傳達的意思，就像是搬家時會送衛生紙，是因為希望對方能解開困境、夢想成真；送給考生麥芽糖是希望對方能黏上榜。因為感受得出送禮人挑選禮物耗費的心思，禮物成為了傳達肉眼看不見的情感的媒介。禮盒除了傳送拿我們農場番茄當贈禮的人，希望收禮的人能吃得美味的心意之外，也應該要傳達我們農場的核心價值，不是嗎？

「絕不妥協，堅持到底的成果。」

如果能把我們農場的標語兼核心價值傳達給收禮人，就如同一份大禮一樣。因此，禮盒含有我們農場絕不妥協、而創造出來的一年年結果的意義。就這樣將禮盒取名為「還是農場一年的紀錄」，第一回合的命名告一段落。不管怎麼說，儘管番茄平凡至極，可是一顆番茄裡記錄著我們農場的歷史和一年裡的陽光、水、汗水、誠意，還有十多年來創造出的土地價值，因此取了這個名字。然而，負責包裝設計作業的設計師提出有意義的問題。

　　「我認為陽光、水、汗水及誠意，每間農場都有。唯獨十多年來創造出的土地是還是農場獨有的特色，只強調土地這件事，會不會反而更好？」

　　就這樣衍生而來的優質產銷鏈名字：「還是農場土地的紀錄」。這份禮物不僅是送禮人和收禮人偶然發現的美味番茄，而是傳達了我們「絕不妥協，堅持到底的成果」意義的心意。

第 5 章

創造差異化

05

絕不打破的原則，實現差異化

「在面對面交易的初期，當聽說番茄
收成期結束了，感到遺憾而吵著表示
為什麼這麼快結束，幹嘛不多種一些
的顧客們，如今消失得無影無蹤，變
成了靜待著下一個收成期到來；那份
等待反而變成了魅力。」

differentiation

用我的標準創造差別化

「這麼快就結束了？沒辦法，只好去別的地方買。如果一整年都有賣就好了。」
「除了番茄，不種其他作物嗎？」

這些是因為我們農場的番茄品質好、變得有名後，來我們農場的新顧客常見的問題。

我們在不知不覺間漸漸地熟悉了超市文化：刷卡消費，超市裡空間寬敞舒適，商品應有盡有，就算是在寒冬也能輕易買到西瓜和哈密瓜。隨處可見的農產品就如同工廠產品，大小和狀態足以讓人懷疑是不是真的農作物。無論何時，都能隨時買到想要的農產品。

我們農場的番茄為二期作，也會販售番茄。每次栽培期約是四個月，卻要花兩個月的時間收成販賣。每一個期作耗時六個月，一年到頭總在工作；但是販售的時間沒有想像中的長。這也是父母第一次進行面對面交易時，

最大的煩惱。販賣時間是兩個月，但有兩倍的時間——四個月的時間沒有番茄能賣——那麼之前來消費的顧客會不會都跑到別的地方去，父母為此焦慮。但是，在那段期間去試吃過市面上其他番茄的顧客，反而變成了我們農場忠實顧客，回來找我們；這使我們更加確信了我們農場番茄的味道。

我和顧客聊天的時候，他們表示希望我們農場能多培育各式各樣不同的品種，這樣的話，一年到頭都能買到我們生產的作物。但是，我的結論是，如果很清楚自己的強項，那麼就無需在意這種要求。在等待優質產品的漫長時間裡，反而會讓人產生更想擁有的心情，並因此懂得珍惜。這是人之常情。

「這家店只生產麵包，麵包的味道好吃到大排長龍。」

如今是專門店的時代。比起什麼麵包都有的麵包店，麵包專門店、馬卡龍專門店、牛角麵包專門店更引人注目。

比起提供多道料理的餐廳，只提供一道料理的專門店獲得
了成功。這些專門店不會迎合顧客的要求和喜好，刻意增
加販售商品品項，硬逼自己提高產量。在一件做得好的事
情上，專心致意地走到底。樣樣都精通的人，其實樣樣都
不精通。

　農場也是一樣。培育各式各樣的農作物，全年無休生
產，那並不是差異化；差異化必須要專心致意在一項重要
的事物上，擬定品牌定位。僅憑如此，就已經展開了差異
化；但是，一定要徹底精通熟悉那項事物。我是這樣想的。

　「一週只營業三天，如果全部售罄，那天就提早結束
營業。」

　這種商店最近隨處可見。專程造訪的人一定會非常失
望，但是那份失望到頭來會帶來正面影響，顧客們會配合
生產者的行程再次造訪，不是嗎？定好自己的原則，在難

以遵守原則的情況下，堅守那份原則的時候，就是在實現差異化。「在面對面交易的初期，當聽說番茄收成期結束了，感到遺憾而吵著表示為什麼這麼快結束，幹嘛不多種一些的顧客們，如今消失得無影無蹤，變成了靜待著下一個收成期到來。那份等待反而變成了魅力。」

談過戀愛的人就會明白，無止盡地配合對方的異性沒有魅力。懂得自愛，按照自己訂下的原則和基準生活的人才有魅力。品牌也是如此；想要充滿魅力，就要專注於自身。

吃起來都差不多的番茄

　　小時候我不愛吃番茄。不知道為什麼一吃就會覺得舌頭腫起來，心情糟透了，最關鍵的原因就是番茄不好吃。萬不得已一定得吃的時候，我一定會撒砂糖，放進冰箱三十分鐘左右再拿出來吃，而且非常珍惜碗裡融化的砂糖水。我帶番茄到「marcheat @」農夫市集的時候，百分百會出現和我有一樣童年經驗的客人。

　　「請試吃番茄。」
　　「我從小就不愛吃番茄。」
　　「請試吃……」

　　他們記憶中的番茄和我經歷過的差不多。但是，我會執著地反覆糾纏對方。

　　「當作上一次當，請試吃一次看看。」

　　雖然過程累人，但是因為我這樣做，有不少人改變了習

慣，開始吃起番茄。當然，會這樣堅持，有部分原因在於，我必須兜售番茄，才會這樣反覆勸說對方，但更多是出於對那些第一次吃番茄就有壞體驗的顧客的惻隱之心。這麼好吃的果實只有我知道，感覺就好像犯了罪一樣。

這樣說來，為什麼番茄的味道會存在差異呢？當然可說是因為這是我用誠意栽培出來的番茄，所以好吃；也可以說是因為我是農家二代才這樣說。不過我的舌頭好像會拒絕這種說法。

「把番茄當作人的話，現在大多數的農家種植番茄的方式，就像是讓番茄光吃白飯，不給它們配白飯的小菜一樣。」

父親沒學過機械、化學和電力等的相關知識，但是務農的過程中，自己半路出家，變成了各種領域的專家。生物學也是一樣的。其實，很少有職業需要動用到那麼多的科

學領域的知識。早知道會轉行學習這個，我後悔在學生時代沒有認真學科學。

撇開那些構成植物器官或是代謝能量必需的元素不談，從蛋白質合成，到行光合作用所需的微量要素等，番茄要好好成長的必備元素共有十七種。只要滿足這些元素就能讓番茄長得很好。

但是，就像是人光吃白飯活不下去一樣，除了飯之外，植物也需要配菜——具代表的像是氨基酸之類的微量要素。這些要素對於植物影響甚鉅。除了必須的氨基酸之外，氨基乙酸或丙氨酸、精氨酸、絲氨酸、弗羅林、胱氨酸、蘇氨酸等各類氨基酸，以及多樣的微量要素，能賦予植株香氣、甘美及清爽的口味，也能增強抗菌和耐寒能力及儲存方面的作用。然而，化肥混雜的地方會造成這些要素消失無蹤。因此，相對來說，有機農產品口感清爽，香氣好聞，外觀顏色好看，放久也不會爛。

「佛羅里達大學園藝科學系 Harry j. klee 教授，為了確認各品種番茄的味道差異，檢驗了約一百種番茄，分析了四百多種遺傳情報。根據他的研究結果，番茄獨有的風味取決於十三種核心的揮發性化合物，然而，現今生產的番茄大多喪失了這十三種核心要素。此外，除了甜味和酸味之外，還有二十五種以上的香味分子，使番茄吃起來帶有番茄的味道。」

——<F Magazine vol.4 番茄篇 >

有些人曾吃過在肥料農法大為普級之前，由蘊含微量元素的土地孕育出的農作物。他們吃過我們農場的番茄之後，偶爾會陷入過去的回憶中說：

「是從前番茄的味道；小時候吃過的就是這個味道。」
「真不知道為什麼最近沒有這種番茄。」

父親總是強調有機農作的美味。這並不是因為農夫將

農作如同孩子一樣、當成寶貝養大的關係才這樣說。如果單純期望從農事裡獲取利潤，那麼就不得不在意生產效率，讓番茄產量達到最大才是上上之策，只要生產出具有番茄形貌的番茄就夠了；沒理由保有番茄天然的味道——又要培育土地，又要維持土壤生態環境，照顧那些番茄的「配菜」。

就這樣，只在乎產量多寡，光用白飯——只用堆肥，不重視土壤生態環境，培育出的番茄只是徒具番茄外表，但味道走味：既非甜味也非酸味，什麼味道都不是。結果人們以為番茄本來就是那種味道，因此把番茄歸類為討厭的蔬菜。孩子們看到桌上出現了番茄，就像是玩戳戳樂沒戳到獎品一樣失望；而大人們則是自我暗示，口頭說吃番茄有益健康，硬是把番茄放入嘴裡。

就算情況變成這樣，流通業者或部門關係人士卻這樣說：「味道本來就是無法客觀化的指標，因為每個人的喜好

和感覺不一樣。」

　「大韓民國的農業技術，平均而言變好，因此無法以品質來一決勝負。」

　如果他們吃過像樣的番茄味道，絕對不會輕易說出這種話。到頭來，農業品牌最大的差異化是品質，現實真叫人惋惜。

六 千 元 的 哈 密 瓜

「老婆,看看這顆哈密瓜。」

「一個兩萬兩千韓幣(約新台幣六百元)?有點貴。」

「才不是,仔細看。是兩萬兩千日幣(約新台幣六千五百元)。」

「哇!那是二十二萬韓幣(約新台幣五千七百元)?這個賣得出去嗎?」

　　這是不久之前我和妻子一起去東京發生的事。位於銀座的水果專賣店千疋屋以驚人價格販售的當季新鮮水果。第一次走進店裡時,看到貼著的價格標籤絕對會大吃一驚。老天爺!一顆哈密瓜要二十二萬韓幣!雖然我本身從事農活,但看到那種價格也會心存懷疑。韓國也有好幾家高級百貨公司食品區,打著高級農產品牌的定價策略,但就算和那幾家百貨公司相比,千疋屋的定價依然偏高。「到底味道吃起來有多不一樣,價格才會出現這種差異?」腦海中的問號揮之不去,也帶著些許物品與價格相當的期待,我們走上二樓,點了哈密瓜甜點之後,搜尋千疋屋的相關資料。

千疋屋於一八三四年創立，歷經過無數次的危機，於二〇一九年時為一百八十五年的老店。它能走過漫長的歲月，絕非巧合，必然有屬於自己的競爭優勢。果然，那個優勢就是品質。以千疋屋裡最驚人的哈密瓜為例，經營團隊會隨時直接訪問農家，公司內部有機農水果專家僅憑外貌和聲音就知道品質優劣，並親自進行品質管理。另外，千疋屋只選擇拍賣場上最棒的水果，因此在這種結構下，行銷網路的進步是永無止盡的，伴隨而來的自然是稀有性。

　　看過千疋屋的品質管理之後，身為農夫，一方面覺得由掌控品質的競爭力所支撐的高定價能力獲得支持；另一方面成為我反思的契機，為什麼從過去開始，農作物就不能訂高價？在拍賣美術作品的時候，人們不會由用了多少顏料或畫布的大小去決定價格；因為美術作品不能由物質或是屬性去判斷其價格，應該由美術作品本身的價值來判斷。幾年前，我看過日本農作物拍賣，一串葡萄賣到了九百二十五萬韓幣（約新台幣二十五萬五千元）。儘管是極端的

案例，但是可以充分看出農作物擁有的品質價值如何左右價格。在以廉價標準看待農作物和農夫的現在，更是如此。

雖然大家都說直接交易增加了，但是，韓國絕大半的農作物流通是透過公營批發市場的拍賣制度在消化。公營批發市場就是像可樂市場一樣，由中央和地區政府獨資，地方自治行政團體設立的農作物批發交易市場。因此，韓國的農作物價格很難擺脫政府以維持物價安定為目標而施加的影響力。「這個農作物訂這種價格剛剛好。」私人協議的價格極難大幅超過政府的定價。

無止盡競爭的核心關鍵在於競價；然而，比起品質和競爭，韓國更重視每個市場狀況的當日供需，由當日供需進行定價。只要該品項的供給量稍微多於當日需求量，就會造成全體價格暴跌；反之，如果供給量少於需求量，就會造成價格飆漲。光從這點差異會影響整體均一價看來，真的是非常糟糕。當然，拍賣制度的優點是能讓定價過程透

明化。不過以結論來說，由於上述的理由，大部分的競賣結果無法讓生產者心滿意足。

　　某一天，我跟著父親去了可樂市場，親眼目睹第一名和最後一名的成交價差不了多少。雖然每一項產品還是存在著差異，但是五十根特產白黃瓜的最高成交價是兩萬兩千五百韓幣（約新台幣六百元），最低成交價是兩萬零五百韓幣（約新台幣五百四十元），平均成交價為兩萬一千五百韓幣（約新台幣五百七十元）。看到這種情形，我和父親聊了起來。

　　「明明說是**競價**制度，為什麼第一名和最後一名的成交價差不多？」
　　「和在作目班裡（為了提高農村所得，由農協主管創立，共同生產及配送的五人以上的農村組織）一起配送發貨的農場的價格比起來，**競價**的成交價格低得荒謬，換作是我也會想抵制批發商，不提供他們商品。從批發商的立場來看，若失去了生產者將會蒙受更大的損失，因此他們會提供比平均成交價高一些些的價

格，用些許的差異降低生產者的不滿，最後就出現這種差不多的價格。因為這樣一來，總支付額也會差不多。

「那就不用特別種出好的農作物囉？」
「所以大家才會只追求農作物重量和產量。」

想種出外型碩大的農作物也是化肥農法能輕易站穩腳跟的理由，是農民們一手打造出損害自身利益的苦果。從農作物的大小顏色和重量等，只挑選外表看起來光鮮亮麗的農作物，以至於農作物的價格全面崩跌，農民提升農作物品質的努力也變得沒有意義。這一切變成了不受消費者肯定的、僅屬於我們之間的競賽。

如今大都市超市裡陳列的農產品，除了出自不同的生產者以外，農作物的栽種方式或品質都相差不多。公營批發市場因為喪失競爭力而停滯不前，要找出公營批發市場的生存之道，就得要保障生產者合理的價格，以農作物品質能符合消

費者要求的標準，改革交易競爭制度。農民和農作物品質都需要符合消費者要求，努力使消費者感受到價值差異。

基於上述理由，我們農場的農作物價格不受市場價格影響，僅以農作物本身的價值決定售價，就算因此滯銷，必須把農作物埋回土地，以利下一期的農事，也不打破此原則。因為如果我們都不能控制農作物的售價了，更別提要守護我們親自打造出來的價值。

「為什麼你這裡的售價和市價不一樣？」
「要持續創出價值，我們的付出就該得到相對的回饋。」

自從推行價格透明化制度後，常會聽到有人說我們的售價比市價貴或比市價便宜。但是現在這也成為區分我們農場和全年價格都相同的農場的關鍵。在農業裡，必須摒除符合市價是理所應當的認知；有一支一百元韓幣（約新台幣兩元）的筆，也有一支一百萬元韓幣（約新台幣兩萬六千元）的筆。

還 是 農 場 的 調 性

　　視覺，是品牌中重要的一環；一般消費者也是透過視覺統合品牌全部形象。因此，在替品牌視覺設計時，品牌的顏色、重點和形象等都要和品牌哲學傳達一致的訊息。這種讓消費者直覺感受品牌氣氛的行為，稱為「調性（tone & manner）」。還是農場制定的調性如下：

「文體部明朝體。」

　　最近滿大街都看得到明朝體字型；幾年前很少有品牌標準字使用明朝體定調，更何況還是農場選用的「文體部明朝體」——是稍有不慎就會看起來老氣橫秋的字型。這個字型比起最近經常使用的明朝體，少了些粗獷的感覺，更偏高雅抒情的印象。以文學來比喻，就像是隨筆一樣。藉由這種字型體現出我們農場具備大企業死板體制裡容不下的自由隨性，又帶著些許的固執。

「品牌形象選用了舒適的象牙白及單一色調。」

全世界的顏色多得不勝枚舉，其中有許多顏色既華麗又好看。但是，為了要向消費者傳達我們農場的價值觀，所選的顏色必須和農場價值觀相結合，因此，根據我的判斷，我們的農場更適合沉靜的冷淡色調，雖不華麗，但是素淨，色彩密度又高的象牙白，和蘊含我們農場默默守護的歲月的單一色調。比起華麗吸睛的顏色，象牙白和單色調更專注於自身。為了幫助品牌傳遞出律己甚嚴，但卻能帶給他人舒適感的訊息，我們農場是以象牙白作為背景色的單色微型畫（miniature）」。

　　「黑色，駝色，上面是金箔色。」

　　鞏固好不容易守護下來的價值，承舊謀新。這就是還是農場優質產銷鏈的調性。我們農場專心致志在自己的強項「土地」上，蘊含豐富有機物的土地會發出黑光，和黑光相得益彰的駝色，在黑色與駝色之上，融入了金色。在發出黑色光芒的土壤裡加入的金色，象徵著比金子更珍貴

的我們一路守護過來的價值。一般農產品品牌認為，死氣沉沉的顏色會讓農作物看起來狀態不好，因此不常使用這種色調。但是，品質好的農作物就算使用了黑色色調，也不會造成任何影響。這項選擇反而創造了差異化，使我們農場迥異於其他農場。

大多數的農業品牌僅致力塑造農產品華麗形象，採用了華麗炫目的顏色，無條件放大字體，一味使用農作物既有色彩和固有形象；然而這種調性市面上比比皆是，容易使人膩煩。再說了，這不但實現不了市場差異化，也感受不到該農場的哲學。多虧了我們農場使用冷色調，使品牌看起來更加幹練。農業品牌或是農產品包裝並沒有既定的法則。就算是現在開始也好，要不要試著思索什麼樣的調性能蘊含農場的固有哲學呢？

成 敗 往 往 只 有 一 線 之 隔

　　去日本旅遊時經常會被他們無微不至的貼心嚇到。泡溫泉會附上刮鬍刀，還有 OK 繃，一旦受傷時可以急用；蔦屋書店的書籍會包上書套保護，不把書當成販售的商品，而是把書視為作品一樣，蘊藏著書店的心意。像這樣，處處為顧客著想，替自己的商品勞心費神的痕跡顯而易見，造就了更好的服務和商品。高手和新手的差別藏在細節中。

　　「送來的時候變成了番茄醬。」

　　大約是在六月底，春季作期邁入尾聲，顧客的購買心得反應了產品的問題。由於溫度及濕度過高，不耐濕氣的番茄在配送過程中產生了問題。我們當然不可能配送顧客番茄醬，但是顧客收到的番茄就是成了那副模樣；理所當然地，我們要負責解決問題。提供細心妥善的售後服務，最終成就一個品牌。不管生產了多棒的產品，顧客收到配送商品卻感受不出那份心意，那麼該品牌終究無法成為顧客

心目中的「優質品牌」。連收到番茄的顧客心情都必須考慮，這就是品牌所需扮演的角色。

為了解決這個問題，在忙碌的收成季節，還一面進行著各式各樣的研究。我在同一時間找了多家配送公司幫忙寄貨；或者是找同一家配送公司，但是利用不同的箱子，在同一時間寄出番茄，然後確認番茄到貨的狀態。

「送貨到同一個地方之後，確認過番茄損傷狀態，發現郵局寄來的番茄狀態最好。」
「紙箱如果使用錫箔紙的話，箱子裡的濕氣會比泡棉箱更重。」

我以研究結果為基礎，導入了番茄農場不常使用的泡棉箱。另外，我發現六月二十五日之後配送的番茄裂掉的狀況更嚴重；於是決定從下一次春季作期開始，六月二十五日後不再發貨。

雖然為了克服配送過程中的缺失，我現在依然進行著多方面的研究。消費者不會事前做功課，我們視為理所當然的事情，消費者不可能會知道。要如何將這些資訊有效地傳達給消費者，也是待解的問題。

　　「送來的時候紙都濕了；想讀是想讀，但是不得已只能丟掉。」

　　在進行配送測試中，從顧客心得確認到了宣傳紙濕掉的訊息，於是我決定用塑膠防水袋把全部宣傳紙包起來。因為收到濕掉的紙，顧客的心情勢必不好，再說，也不可能有人會曬乾濕掉的紙之後去閱讀。

　　在農忙季節要確認商品狀態並非易事，但是，對顧客付出的體貼關懷正是關係品牌成敗的重要因素。成敗往往只有一線之隔。

第 6 章

建立關係

06

組織顧客、研究機構、政府和廚師關係之法：行之有效的協力經驗即品牌擴張

「我讀完丹・巴柏（Dan Barber）的書之後，
領悟到要徹底推行有機農業，除了農夫之外，
廚師也扮演了重要的角色。
因為擁有最佳美味的食材
會順應廚師們對味道的渴求而生。」

relationships

我 喜 歡 雜 誌 的 理 由

「您好,我看了報紙才打來的。」

在品牌價值稍微站穩腳步,或是農場的知名度提升後,自然而然地受到了人們的關注。在我接受幾次報紙採訪之後,隨後電視台也打了電話給我。據我判斷,在品牌開發初期,要是能藉由大眾媒體在不特定的人群面前頻繁露面有助提高品牌認知度。因此,我抱著中樂透的心情,愉快答應了因緣際會之下打來的電視台編劇的節目邀約。

第一個電視節目拍了兩天,但只播出約莫七分鐘;總有種被製作人詐騙的感覺。況且,播放內容和原本拍攝的主旨有些許的不同,讓我產生了疑惑。不過播放出來的片段雖然很短,還是有許多人因此知道了我們農場;我既覺得高興,也覺得神奇。多虧如此,許久沒聯絡的熟人也致電問候,和我分享喜悅的消息。

因此,我又答應了幾次的電視節目邀約,但這並非全然

是好事。在拍攝的日子裡，我必須放下農場的工作。為了節目的拍攝，農作物被許多人翻來翻去，造成了農場直接與間接的損失。再說，收看節目後打電話來的人也愈來愈多，我必須一一應對才行。雖然非常感謝大眾的關心，但這些情況成了總是人手不足的、我們農場的負擔。

「您好，我是看到電視節目，所以打來的。」

以這句話當開場白的人，絕大多數想請求援助；或是想歸鄉務農，或是想提出告誡，或是希望免費配送番茄，提供試吃。打來的人都有各自的理由，但是聽著素昧平生的人講著想都沒想過的話，我承受的壓力非比尋常。只要我一上節目，各種節目播出後的後遺症接踵而來。

「您好，我打來是因為看了雜誌的報導。」

然而，看到雜誌採訪而來電的人，態度卻截然不同，大

多是想進一步理解我們品牌的人。

　　仔細回想，的確有可能如此。就算毫無想法地透過入口網站主頁，或是偶然點開社群媒體，我也會不知不覺地買下不在計畫之中的商品，或是閱讀了一些不讀也無關緊要的情報。在自己意識到之前，已經被情報的洪水席捲。但由於情報變得隨處可得，人們對於高級情報的渴求也會增加。

　　雜誌最大的魅力就是接受過嚴格訓練的編輯，透過自身角度及分析，誠摯傳達出的情報。再者，雜誌是能收藏的，無論何時都能拿出來，再三咀嚼回味，只屬於本人的高級情報。雜誌和在網路上散播的情報不同之處是，必須付錢購買，買了之後，要投資時間閱讀。總之，想獲得雜誌情報，得額外付出努力。

　　雖然經歷了艱辛的過程，但是從網路搜尋一小時後到手的情報，品質無法跟閱讀一小時專業雜誌所得到的情報相

比。雖然雜誌要花錢購買，但是不需被無用的情報掠奪時間，能節省寶貴時間確保獲得的情報是自己想要的內容，從這點看來，閱讀雜誌比較好。從另一種意義來說，也能建立與眾不同的專屬品味。

在資訊爆炸的時代，擁有獨特觀點、自我主張的雜誌得以存活；而在農作物爆炸的時代，存活下來的我們農場的農作物。不管怎麼想，兩者殊途同歸。儘管行動步調緩慢，但是我認為藉由這些雜誌找到我們農場情報的人們，會反覆咀嚼雜誌報導，因此，我們選擇雜誌作為還是農場最主要的媒體宣傳管道。

品牌知名度逐漸增加的過程中，會推升品牌影響力，而媒體曝光度就是強而有力的武器，也就是說每個人在戰鬥中都有屬於自己的稱手武器。世界最棒的傭兵——尼泊爾廓爾喀傭兵，他們的武器是被稱為「kukri」的短刀。特色是刀鋒的重量經過精密的計算，儘管殺傷力十足，但使

用時不需要用到太多肌肉。如果他們拿的不是刀，而是弓箭，那會怎麼樣？我想他們大概無法獲得現在的名聲。如果想尋找真正理解品牌價值的人，也許可以試著去抓住雜誌讀者。

產、官、學，黃金三角

「那些博士懂什麼？每天只會坐在書桌前。」
「農民的科學知識太淺薄了，靠的全是第六感。」

我投身大韓民國農業現場幾年時間下來，感覺到農民和研究人員之間至今仍矗立一道高牆。當然，有些組織試圖建立兩者緊密的關係，彼此合作好創造出好的結果，但大多數的農民和研究人員彼此難以親近。農民不相信沒有現場經驗的博士；反之，研究人員說農民缺乏科學知識，全憑感覺。這一點真的很可惜。

最近，我有機會拜訪荷蘭的農業現場，了解為什麼荷蘭的國土不到大韓民國的一半，且農業人口不到大韓民國的七分之一，卻能成為世界第二大農產品出口國。答案是農民和研究人員兩者的關係。

「Wageningen University & Research」
「WUR」是荷蘭居於世界頂尖的農業大學瓦赫寧恩

大學暨研究中心的官方標記。到二〇一八年，瓦赫寧恩大學暨研究中心已建校一百年。和其他大學不同，因為大學和從事研發技術研究的農產團體有著緊密的合作關係，所以瓦赫寧恩大學暨研究中心在大學名稱後面加上了「research」。在大學裡，學生們和農產團體共同進行研究，並將其應用在農業現場，對於實務改革有著領航的作用。

荷蘭政府大力推動大學和產業團體的研究結果，並快速傳達給農民。此一協力體系被稱為「黃金三角」。黃金三角是荷蘭成為全世界最優秀農業國家的基礎，由此得以保障食安及提升產量，成為全世界最棒的農業體系的原動力，正是源自於這緊密的協力關係。

更驚人的是，荷蘭高中成績排行前12~13%的菁英人才，深刻體悟到農業大學的魅力，選擇進入農業大學的事實。在大學生活裡，這些菁英會和農業實務團隊一起進行有意義的研究；他們所提議的新穎創見能快速傳達給農夫，

擁有企業家精神的農民，則接受政府的援助，同意其革新創見。

「提議這個系統的人是名大學生？」

我造訪在北荷蘭省北部的 Agriport A7 玻璃溫室園區裡，最先進玻璃溫室 Barendse-DC 時，親眼目睹了「黃金三角」的實施成效。

這間溫室從二〇一四年起透過深部地熱暖房系統，提供暖氣。採用此系統的背景是這樣的。從二〇一一年起，由於受到荷蘭的電費下修，瓦斯費上漲的影響，產生了新的問題，需要尋找新能源。因此，需要七百萬歐元（約新台幣二點三億元），共需打通兩個地底管井，垂直路徑超過四公里，設備投資費用高達兩百億元以上韓幣（約新台幣五十三億元）。雖然，歐盟會補助友善環境設備工程的部分費用，不過仍有風險。在明知未來的長期投資經常伴隨著高風險

的情況下，還是投資了這個系統。

　　採用這個系統的過程十分有意思。某位農場主人想找出節約瓦斯費的方法，於是聽取了幫忙照顧小孩的工讀生的建議。那名學生是理工科學生，以自己的畢業論文為基礎，提議了深部地熱暖房系統。農家們一起討論過學生的提案後，發現了該系統的可行性，立即決定導入。雖然兩百億韓元的設備投資費用非常驚人，但是願意接納未經試驗的年輕學生的提議，做出進行投資決定的農家的判斷和推動力更是可怕。聽說那位大學生，現在已經成為經營這個系統的公司社長。

　　「荷蘭政府補助項目，領導著民間企業和公共研究機構之間的協力合作。」

　　荷蘭的農業研究和教育拋棄了僅能累積書本知識的既有方式，為了革新，積極地活用政府補助項目。以二

〇〇二年製造的生物系統基因組學中心（Center for Biosystems Genomics，CBSG）的共同研究項目為例。生物系統基因組學中心是一個在植物物種領域裡的協力研發聯盟，由兩所大學、四家研究機關、六間植物育種公司、五間馬鈴薯育種公司、一間馬鈴薯加工公司和一家基因技術公司等機關組織所組成。該聯盟的總研究預算為十億歐元（約新台幣三百億元），他們運用最先進的科技，落實植物基因研究，成功地縮短 30~40% 的育種時間，節省了 5~25% 的費用。荷蘭政府的補助項目以促進研發知識的使用和應用為目標，並追求反應性、彈性、效率性，創造了具體有效的成果。

透過以上案例，大致可以了解下面提到的「黃金三角」三個基礎：

（1）從學校就與農業現場的第一線團隊建立緊密連結關係，培育出研究人才，並在過程中開發出有效的產品。

（2）為了農業的未來，農業從業人員應效法企業家精神，具備大膽的投資和冷靜洞察的判斷力。

（3）政府補助農民和研究機構共同攜手合作的專案。

　　荷蘭農業如今的現況，正是藉由協力合作，一步步的革新之後自然地達成現在的樣貌。親眼目睹荷蘭農業從業人員努力的模樣後，我深受刺激。

　　從以往的換工或是互助模式，看得出韓國人自古以來就很擅長團結一致。如果將每個國家或民族分別視為一個個的個體，那麼全世界個體的力量，大韓民族可算是首屈一指。韓國人絕對會比荷蘭人做得更好。現在是該打造大韓民國「黃金三角」的時刻了。

顧客不是王，而是夥伴

比起勸敗的誘惑，現在的消費者購買決策過程更容易受到經驗和關係的影響。因此，和消費者直接交易的農場為了詳細描繪出目標客群真實樣貌的人物誌（persona）* 傷透了腦筋，有些農場在設定客群樣貌時會把顧客當成國王；由於消費者的回饋能影響農場生存，會那樣設定消費者的具體形象可以想見。

「沒聽過顧客為王嗎？」
「我們不認為顧客是國王，認為顧客是夥伴。」

「農夫的存在能影響消費者的生活」，還是農場堅持相信這一點。因此，我們認為消費者不是國王，而是「夥伴」。在現在艱困的時代，和農場一起同舟共濟的夥伴。由此意義看來，消費者和農民雖然都是為了過好日子努力，但必然會出一次問題。這關係就像是老夫老妻，即使一起走過了人生的大半歲月，難免對對方也有失望的地方。就算在大多的情況下會尊重彼此，但大部分的人不願

譯註
人物誌（Persona）是一種在行銷規劃或商業設計上描繪目標用戶的方法，經常有多種組合，方便規劃用來分析並設定其針對不同用戶類型所開展的策略。

意先讓步，反而希望對方先讓步。夫妻關係若不懂得包容互讓，那麼這段關係就會惡化。農民和消費者的關係和夫妻關係無異；一方面要忠於自己的角色，另一方面要考量對方的立場，不努力就很難持續關係。

從農民的立場來看，應該要替夥伴考慮的是什麼？假設要栽種的作物是要給我的太太或是先生吃的農作物，要先確認給消費者的是無害的農作物。還有，必須要審視自己，為了和消費者溝通，做了哪些努力。

站在消費者的立場，為了理解農場的生產和配送過程，消費者也必須付出努力。不理解的部分不應獨自揣測，應該要積極發問。

「基於信賴才買的，怎麼可以寄爛掉的蘋果來？」
不久之前，中秋佳節配送爛蘋果突發事件廣為人知，這部分反映了當前農作物的配送狀況。二〇一八年，史無前

例發生了最糟糕的長期酷暑，並且伴隨著局部性暴雨，於是，韓國全國地區都爆發了蘋果炭疽熱。感染炭疽熱的蘋果會出現肉眼不可見的小點點，在配送過程中，由於溫濕度的關係，小點點逐漸擴大，蘋果會馬上腐爛或是變質軟化。雖然有些農家明知道爛掉還是會照常配送，但是大部分的農家都會仔細地檢查蘋果，確認無異之後才會發貨。

碰到這種情況，消費者接受「情況不便」的態度，也會因自己和農場主人的關係而有所不同，不是嗎？有農場主人對消費者充分說明炭疽熱情形，尋求消費者的諒解；反之，也有可能農場主人還沒開口就先被當成了詐騙犯。

「要你們送蘋果來，結果在騙人。」

雖然農家被當成詐欺犯很冤枉，但比起配送，我認為溝通才是該農家的最大問題。當然，要排除那些抱持著花錢就是大爺的心態而無理取鬧的顧客。

溝通必須以消費者對自身利益有清楚的認知為基礎。消費者必須明白，農場的生活餘裕安穩，才能穩定提供他們想買的農作物。如果消費者確實理解農場對安穩的需求，那麼看到得了炭疽熱的蘋果，會和農場一樣難過，並且會先伸出理解的手。但如果不能理解這一點，到頭來就只會計較自己的損失，爆發憤怒。

　　對於農業從業人士也是一樣的道理。就算消費者願意承受損失，可是也有讓消費者頭痛的農場。為了謀取利益，那些農場會在所謂正當的藉口下，不肯錯過一絲一毫自身的不正當利益，一昧地要求消費者忍耐理解。

　　就像我開頭所說的，這個問題不是任何一方，而是雙方都要努力的問題。農場和消費者的關係並非行銷策略的結果，而是在發生這種狀況之前，農場和消費者之間的溝通程度已經決定了結果。消費者不是王，而是夥伴。問題不在於配送，而在於溝通。

觀察土地的廚師

「那些縈繞在舌尖上的最佳風味，源自於健康的土壤。」

丹・巴柏（Dan Barber）被盛譽為「思考的主廚」，同時也是「美國最出色的廚師」。這是在他的著作《第三餐盤》（*The Third Plate*）裡提到的話。丹・巴柏被認為是「從產地到餐桌（farm to table）」運動的先驅者。

「從產地到餐桌」本著「在農場親自培育的新鮮農作物直送到餐桌上」的意義，重視衛生安全及永續發展，這一股從產地到餐桌的餐飲潮流擴散至全世界。

「失去生態多樣性的料理，無論多棒或多美味，都不應該去吃。」

丹・巴柏的飲食哲學雖然簡單但出色。當人們吃到真正好吃的食物，一定會出現微妙的差異，舌尖會有縈繞不散

的味道，那是源自於富含有機物和無機物，以及存活在土壤中的微生物生態的美味。比起任何化學工具，更擅長分辨美味的是我們的舌頭。

　我一面閱讀丹・巴柏的書，對那些一昧認為味道差異是因為心情，對味道存在既定成見的人，也有了說明事實的自信。有機農作物擁有壓倒性的美味。擁有最佳風味的農作物，是因為它出自於擁有豐富有機物和無機物的土壤；農作物不好吃是因為出自缺乏有機物和無機物的土壤。印證這個事實的是對味道最敏感的廚師，而且還是世界最棒的廚師。

　「人們不再重視味道，並停止栽種食材，正是食物失去美味的原因。」

　我讀完丹・巴柏的書之後，領悟到要徹底推行有機農業，除了農夫之外，廚師也扮演了重要的角色。廚師扮演

了創出並傳達美味的角色。再說，廚師們對味道有要求，擁有最佳風味的食材方能順應而生。如果想讓廚師們更關心土地，守護食物的原味，那麼就必須使他們明白，從活著的土壤生長的農作物才能全然擁有自然原味的事實。

「得和廚師們碰面才行。」

我和父母商量過後，不抱特定目的地制定了和廚師們見面的計畫。不管是主廚的社群論壇或是廚師參與的活動，我一概參與。同時也將我們農場的農作物拿到那些對味道懷抱著信念的廚師常去的農夫市集販賣。我這樣做不是為了提高農作物銷售量，而是希望經由我們農場農作物的味道，與廚師們結下緣分。我想和他們一起做出的料理，不是單純在廚房裡花幾小時後端上桌的料理，而是想做出能將農作物在土壤裡飽經歲月歷練融入其中的料理。

就這樣，我向在各處結下緣分的廚師們，展示了我的
驕傲 ── 出產自活著的土壤，我們農場的農作物，並且
獲得了他們的共鳴。如今，我正在和那些廚師一起推動
各式各樣的活動。

　　身為一名廚師，應該希望從土地開始一段專屬於他的美
味旅程。因為能獲得舌頭認可的最佳風味，最初是於土地
萌芽的。

在田裡打造
期間限定的一日餐廳

在我順利結識了廚師，獲得他們對土地創造風味的共鳴之後；接著，我也想消費者共享土地的風味，想和消費者分享更多關於土地的故事。因此，我參考了「從產地到餐桌」的形式，策劃了「期間限定餐廳（pop-up restaurant）租借一天場地營業的一日餐廳」。

期間限定餐廳最初是在市區舉辦，我們使用「覆蓋世界的友善屋頂」作為標語，許仁（허인）廚師的意大利家庭料理餐廳「孝子洞 duomo」是第一個活動場所。這裡是在「Marcheat@」農夫市集結下緣分之後，繼續採用我們農場番茄的餐廳。這次的小型期間限定餐廳找來了約二十名的廚師，大家一塊準備活動。不僅告訴消費者還是農場對土地抱持的看法和有機農業的故事，還一併提供了我們農場的番茄套餐料理。雖然活動時間短暫，卻是我們和關心飲食和土地的消費者們相遇的寶貴時光。

某位參加期間限定餐廳活動的客人，成為了我和 SPC

企業一起舉辦活動的契機。SPC企業在汝矣島新開幕的沙拉專賣店「Pig in the Graden」舉辦了為期一個月的活動，在活動期間販售的特別餐點，是用還是農場的番茄製作，並且選定一天在店裡舉辦有機農業研習會和試吃活動。不僅是小餐廳，就連大企業等地方都開始關心起食材，我非常開心。

「我們要不要安排一次在草地用餐的機會？」
「這個主意太棒了！」

平昌麵包店「bread memil」的創立者崔孝周（최효주，音譯）代表邀請我去品嚐用炭爐烤出來的麵包，他偶然說出的一句話，成為了舉辦野外期間限定餐廳的契機，催生出活動。

為了讓參與者一窺料理的起始，在向他們展示了還是農場栽種食材的方法之後，大家移動到從鄉村分校改造而成

的文化空間「馬鈴薯花工作室」，請他們在前院杉樹下的草地，一面試吃用真心誠意準備的料理，一面傾聽農夫們的故事。此外，為了塑造飲食新體驗，我們聘請到飲食經驗設計師姜恩京（강은경）作家，舉辦了飲食經驗研習會，使活動內容更加豐富。

在和煦六月的草地活動裡，我們不僅僅把製作食物的過程及食物全新的一面呈現給來到此處的人們，同時這也是一個好機會，我們能親自告訴人們江原道農夫是如何管理出肥沃土壤。生活在大都市裡，十之八九會遺忘自然和人類的關係。但是，在那天，栽種農作物的青年農夫們、麵包店店主、音樂家、木匠、廚師等當地的創造者，和顧客們一起用餐的期間，分享著飲食和農業的對話。最後，顧客將體悟到的重要訊息帶回家。

之後，我靠著和「定食堂」（정식당）主廚李宇勳（이우훈）結下的緣分，至今仍持續進行著各式各樣的期間限定

餐廳。最近，我們在驪州的「恩亞牧場」（은아 목장）舉辦了「牧場霞光晚餐」，創造了一段非常棒的時光。牧場親自製作的熟成起司，經由李宇勳廚師的巧手，變成絕佳料理。派對策劃人劉勝宰代表也加入了我們，把恩亞牧場栽種的迷你米（앉은뱅이 밀），當作賞心悅目的餐桌重點擺設。此外，透過我加入的「田派在農田裡的派對」（江原道年輕農夫聚會）成員，以及參加慢食活動時所認識的人幫忙，這次的活動完美落幕。

「在大自然裡，感受季節更迭，享受悠閒的時光。」
「在氣氛好的地方吃不錯的料理。」
「體驗全新飲食價值的日子。」
「和聊得來的人們的愉悅邂逅。」

本著以上四大目標，如果未來還有機會，為了各色各樣的人和永續餐桌，我想繼續創造讓大家相遇結識的場合。生產者、消費者和廚師遇見並分享話題。在這樣的對話

裡，我相信永續餐桌擁有其可能性。

「像是去好地方吃到美味佳餚，獲得名為愉快時光的禮物。」

　　這是一名參加者留下的參與心得。想要繼續舉辦這一類的活動，僅憑我一人的努力是辦不到的，要有支持和有意願一起辦活動的人才有可能。我不清楚未來還能舉辦多少次這種虧本的晚餐活動；但是，從「duomo」到「恩亞牧場」，過去這段日子裡遇見的那些好人，成為了我持續籌備其他餐桌活動的莫大力量。

第 7 章

打造夢想

07

網路和實體的會員營運計畫：我的夢想
再次成為了某人的夢想。

「如果能由農場重新填補，
那個被家庭遺忘的價值。
讓農場成為某人的家人
傳達每個節氣的重要飲食經驗，
經由那類的場合，經年累月累積下來的飲食文化。
要想讓每個人自然而然習慣用餐，
要使飲食文化扎根，
就得落實農村和城市的永續連結。」

dreaming

建立會員制度「土壤伴侶」
（soil mate），
連結農場與消費者——
和土地成為朋友的人們

二〇一七年十一月，我有幸參加大山農村財團主辦的海外農業研習。在遍訪澳洲和紐西蘭農業的日程中，印象最深刻的是一家澳洲小型農場和顧客之間所建立的關係，叫做共同體支援農業系統（Community Supported Agriculture，CSA）。

「不就類似於長期會員服務嗎？」

在去研習之前，我對 CSA 的認知停留在字面上的意思：消費者承受些許損失，藉由購買行動，進而幫助行銷通路陷入困難農場的體制。從某種程度上來說，CSA 的消費者算是贊助者，而農場是接受幫助的弱者。我把「定期配送農作物」當成是回饋那些幫助農場的消費者的補償服務。

儘管口頭上嚷著「消費者親自體驗過值得信賴的農場之後，和農場達到友善溝通。」但是，和消費者親自造訪農場之後，選擇滿意的農場一樣，兩者沒什麼太大的不同，農場都是被選擇的立場。

但是，這裡的人不一樣。這裡的 CSA 體制建立在消費者與生產者是平等關係的基礎之上。從概念上來說，消費者不是單純地幫助農場，而是追求消費者與生產者的平等關係。當產量出乎意料地增加或減少時，農夫得以分散風險，消費者一方面和農場建立更緊密的關係，另一方面獲得產糧相關知識。如此一來，當農場無法繼續運作的時候，消費者比誰都還要了解自己會蒙受的損失。

　　「一年舉辦一次全部會員的聚會，公開農場的經營費用。」

　　這家農場令我特別吃驚的是這個作法。他們會透過一年一次的例行會議，向會員透明公開農場生產費用和經營費用等，並且針對農產品預測定價，徵求會員們的同意。在這個過程當中，CSA 會員感覺就像親身參與農場經營一樣。消費者視自己為農場夥伴，自然能竭力為拯救土壤的健康農業找出路，替農業問題發聲的消費者團體也應運而生。

韓國的農夫人數雖然也不少，也有不少消費者是尊重農夫的，但到目前為止，一般消費者的心態仍然認為自己在幫助生產者，並沒能理解這同時也是在幫自己。反之亦然，生產者也抱持著一樣的心態。我認為若能搶先理解消費者與生產者關係平等的 CSA 構造，韓國其實比任何國家更有機會成為 CSA 楷模示範國。

　　「名字跟『靈魂伴侶』（soul mate）好像？」

　　為了替 CSA 體制打先鋒，「土壤伴侶」（soil mate）是我們農場的會員名稱，意義是「和土壤成為朋友的人」。

　　會員制度的最終目標，是打造以我們農場為中心的信賴共同體。我認為這是由徹底理解土壤可貴之處，像是靈魂伴侶一樣的消費者，所建構出來的會員網絡。此外，在建立共同體的過程裡發生的所有交互效應，也都是我所認為的農業品牌化的最關鍵部分。

第一步，透過農產品及服務滿足度贏得顧客的好感，進而建立信賴關係。之後，藉由顧客持續回購的行為，確認與哪些顧客建立了信賴基礎，並與他們分享更深入的經驗及我們的品牌價值。從此時起，顧客已經超越單純意義上的顧客，開始變成我們農場的一分子。對於小規模農場而言，沒有比像是夥伴一樣的顧客這種更棒的後援了。此外，消費者除了得到我們農場值得信賴的農產品之外，同時也獲得了農產相關知識的回饋。

　　藉由健全 CSA 體系，使農業價值徹底獲得肯定。這就是我夢想中的農場和消費者的關係。雖然，現在這僅僅為我的夢想，但我期許，有朝一日自己能成為他人夢想的楷模。

販售理念的場所，「農夫展示空間」（farmer's gallery）

　　網路流通平台氾濫。有些行銷訴求是火箭般的配送速度，有的是凌晨配送，有的是便宜，有的是服務多樣化，有的是追求更快速。總體而言，都努力配合消費者便利需求。儘管身為消費者的我會覺得這種機制善解人意，但不知為何總有些提心吊膽。

　　「不到四點，店家都關門了？這麼不方便怎麼過日子？」
　　「就是因為這樣，很適合勞工過活。說到底消費者也都是勞工。」

　　在旅歐途中，我看到店家下午四點就關門，深感不便，才產生了在這裡生活不方便的疑問；但是當地人卻回答我，就是因為這樣，這裡才是真正適合勞工生活的地方。以消費者為中心的體制，乍看之下，生活極其便利，但相反來說，卻也極其不便。這不過反映了近年來配送業者、二十四小時超商員工，和代理駕駛等勞工的共同苦衷，以及所面臨的一部分困境而已。

我夢想的網路流通平台是完全相反的，是全心全意替販賣者設想的平台。我對流通平台的關心及憂慮，並不是因為我是販賣者，而是因為以消費者的角度去看，我認為現下以消費者為中心的流通平台，到最後很有可能反過來茶毒消費者。雖然說是為販賣者設想的平台，但我深信這條路走到底，最終會成為一條造福消費者的路。

　　「下訂單已經超過十天了。還要等多久才會送來？一直都沒送來，所以聯絡了您。」
　　「在您下訂單的時候，我們有提醒說明，我們的番茄需要等一段時間，訂單太多了，我們沒辦法像工業產品一樣馬上大量生產出來。還請您多多包涵。」

　　這可算是對以消費者便利為中心的體制，所進行的些許反抗，我們農場的農作物產銷制度並不會為了解決消費者的等待問題，而付出額外的努力。雖說在供不應求的情況下，供貨不足是必然的，但是我們反而更直白強調「等待」

的必要性。不是有很多人認為「KITO」就是「要等待才吃得到的番茄」嗎？

「等真久，不過等待是值得的。」

即便晚一天送到都無法忍受，以服務為藉口，逐漸傾向以消費者為主的現今局勢。有朝一日，我想打造出能制衡這種局勢的體制。

以有機農業農夫的標準，進行嚴選農作物的網路品牌商店「販售理念的農夫展示空間 farmer's gallery」。這裡就如同字面上的意思一樣，是販售我的標準和我的信念的商店。我將這裡起名為「農夫展示空間」，是因為這裡是展示我所挑選的作品（農產品）的空間。我現在正在籌備的幾個事業項目，如果要想打好根基，我認為得遵守下面三大標準：

1 只選擇符合我的標準的農產品

首先，第一個標準是能感動我的味道，品牌故事為其次。如果味道符合不了我的標準，品牌故事再好，我也不會選。我也不會為了填補空缺而去找同類型的商品。如果沒有合適的商品，就任由架上空著。我的夢想平台不用非得一應俱全。

根據我的經驗，大部分的流通平台，在資金到位之後，從開始販賣五花八門的商品的那一刻起，便會喪失最初的魅力。儘管商品增加意味著選擇範圍變廣及便利性提升，但另一方面也意味著為了擁有多樣性的商品，不得不拋棄部分自身標準。

流通平台的規模愈變愈大，要妥協的地方就愈來愈多。由於妥協，商品的平均魅力值勢必下滑。因此，如果不是我能百分百信任的商品，就算面臨無商品的情況，也不用刻意去補貨。這是我的第一個標準。

2 便宜沒好貨

雖然我的年紀並不大，但是畢竟活了將近四十年，我確信一件事，那就是「便宜沒好貨」。降低配送費用，成本自然會隨之降低。商品質地和價格會便宜，是因為使用了便宜的材料，或者是製造過程偷工減料。不管是便宜的材料費或是降低生產成本，都是對商品品質投資的讓步。因此，我堅信便宜沒好貨。雖然在優良設計過的流通構造之下，相對來說價格也會比較合理，但是這個世界上無條件便宜的東西一定沒好貨。

3 不是隨時都能買

過去，我和某幾家流通業者簽網路商店契約的時候，他們總是要求隨時供貨，讓農作物維持在一定的數量，理由是如果商品供貨不規律，或是突然的售罄，會造成顧客的不便。

但是農作物不是工業產品。從某一角度來看，農產品的變動性也是農產品特質之一。消費者追求一致的產品行

為，反而使農產品失去了它的特色，不但幫不了消費者，也解決不了問題。為了維持生菜大小尺寸一致，使用生長調節劑；為了維持蘋果大小尺寸一致，使用生長激素。不僅如此，任意制定產銷期，為了配合產銷期，使用不當的儲存方式。這可以看成是，隨時隨地都在追求商品均一化的消費者過失。

「最好是那樣子做，消費者會喜歡？」

當然，大多數的消費者都希望物美價廉，配送迅速。我，站在消費者立場，也認為那種服務很有魅力。我並不是說以消費者的方便性為優先，一定是錯誤的，我只是希望能兼顧另一面：貨量少，價格昂貴，甚至突然想買的時候有可能買不到的農作物流通平台，但是在這個空間不需要擔心商品品質。如果存在這種農作物流通平台，就能提醒一味追求速度、價格和多樣性的市場，關於品質的重要性。

一定有消費者會說，哪有消費者會去那種流通平台購物。但是，如果有愈來愈多的販賣者能認可以販賣者為中心的體制，那麼優質產品也會跟著增加。我確信一定有認可這一點的消費者。至少在我夢想的未來裡是有的。

推動永續農業的，
「永續田地」
（sustain field）

sustainable [səˈsteɪnəbl]
1. 可持續的 2. 能長期維持的

　　我上國中的時候搞不懂的這個單字，最近卻時不時想起來。從「永續性發展」、「永續性經營」、「永續性消費」、到「永續性觀光」和「永續性農業」，近年來，四處都看得到「永續性」這種說法，這表示有很多地方都正處於永續的難關，尤其是農業。由於農業人口減少、高齡化，以及農業的衰退，導致農業成為最需要「永續性」的產業。

　　身處於殘酷的農業現實裡，我抱著不試試怎麼知道的心情，想嘗試推動部分的農業永續性經營，構想著專屬於我的，名為「永續田地 sustain（able）field，可持續下去的田地、基地」的實體空間。我要在這個空間裡實現幾個夢想。

1 促進永續性農業的相遇場所
　　除了一般的消費者之外，從事農業的人、喜愛農業的

人、有意和農業攜手合作的人等各種農業從業人員，我想和他們見面，讓這裡成為各種領域裡，熱愛農業的人們創造協同綜效的基地。提供大家定期聚會的地點，如果大家聚在一起共同企畫活動，我也會欣然出借空間供大家使用。

2　傳達土地和農產品價值的空間

在耕種整地，打赤腳走在地上進行劃線作業時，我的心情會變得平靜。我試著回想，不知道上一次住在城市裡的人打赤腳走過健康的土壤是什麼時候的事？對住在城市裡的人而言，土地只不過是髒兮兮，又亂七八糟的東西。光用嘴巴說，並無法說明土地的多樣價值，我想提供訪客能親身體驗健康土壤的空間。

3　想務農的空間

由於海外農業研修之故，我得以造訪紐西蘭、澳洲、日本和歐洲等地，儘管那裡是鄉下地方，但是會讓人想留下

定居。不只是因為周遭美麗的環境，還有那些整頓得非常乾淨的農場，會讓人脫口說出：「啊！好想在這裡務農。」

韓國的農場不願意花錢在眼睛看得到的地方。農棚只要發揮農棚該有的功能就好。農寮也一樣，只要能發揮農寮的功能就好。體驗設施亦然，只著重於功能設計。

但是，我認為如果想吸引下一個世代參與農業，那麼務農空間的形象非常重要。如果只滿足眼下的功能需求，而不費心思去整頓出優質工作環境，換作是我，我也不會想在這裡工作。我將這件事列入考慮之中，專心致力於打造細節，創造出讓下一代嚮往的工作空間，希望藉由這個空間，儘可能地展示農業的魅力。

4 夢想成為農業從業人士的學習場所

要推展永續性農業，最關鍵的就是要加入農業新血。農村高齡化情形嚴重以及農村人口的流失，不是一天兩天的

事，而是經年累月下來的問題。但至今，還沒看到多少教育制度是在解決這些問題。

朝鮮時期，重農主義的代表茶山丁若鏞曾主張：農者，食之本；農者，民之利也。他曾說過：「下農作草、中農作穀、上農作土，聖農作人。」

我的父親有一個小小的心願。他期許能和我攜手打造有機農業教育的第一線農場，將他過往歲月的經驗和知識傳承給農業接班人，使正處於農業衰退期，遭受無數苦難歷練的農民，不再受到輕視，能得到人們的尊重，並且能以身為農民而自豪地生活。

父親想為這些事作出貢獻。我想藉由這個空間，實現終其一生獻身於有機農業的父親育成下一代的願望。我期待年輕有為的青年們齊聚一堂，向父親學習農業的日子到來。

5 最想生活的地區

　　最終透過我們創造的空間相遇的人們，一起在寧越郡落實農業或農業合作，將該地區的農業發揚光大。然而，這個地區缺乏定居人口，僅有觀光客和我們，使推進農業受到了侷限。我希望這裡不是人們只想來遊玩的空間，而成為人們想定居樂業的地方。我想和這個地區的未來居民一起培養白力更生的能力，因此，終極目標是，為了讓這裡變得適合群居生活，持續進行投資，像是小型幼兒園、小型麵包店、小型超市等，吸引有意入住的人，一起創造小村莊。

　　我國採納了「第六級產業」的日式說法，正在重新打造農業現場。雖然大多數的農場把農業加工或是農業體驗冠上第六級產業之名，但因為第一級產業的基礎薄弱，大部分的農場選擇投入第二級或第三級產業。可是如果第一級產業的基礎不穩固，在不穩固的基礎上進行的第二級和第三級產業，絕無順遂之理。

那些農場不具魅力，主要是因為他們選擇了不費力氣的加工製造第一級產業的農產品，就算說是親自採收的農作物也一樣。我希望還是農場能具備第一級產業的優點，抱著追求細節上的完美的態度，一步步接近第二級及第三級產業，成為大韓民國農場的標竿楷模。

　　此外，就像我們會去日本或荷蘭等其他國家研究農業一樣，希望有一天，其他國家的農夫們也能對來韓國研修，趨之若鶩。

還是農場，
和二十四節氣成為一家人

「不是有人說秋天的蘿蔔是補藥嗎？」

「媽，這句話你從那裡聽來的？」

「還會是哪裡，大人們說的。夏天適合吃蘿蔔醬菜，秋天最好的小菜是鹽醃小蘿蔔。雖然一年四季都有蘿蔔，但是蘿蔔最好吃的季節是秋天。秋天收成的蘿蔔更加脆口，有特別的甜味。消化不良的時候吃蘿蔔，能幫助消化，蘿蔔是天然的胃腸藥。」

在鄉下生活不知不覺中學到的，並不僅限於農事。我和父母一起生活，一起用餐，耳濡目染下，很自然地知道了許多飲食生活的相關知識。住在都市裡，就算是農家子弟，不會知道什麼時候是蘿蔔最好吃的季節，吃蘿蔔對哪一方面的健康有幫助，就算想知道也沒辦法得知。因為只要去超市隨時都買得到蘿蔔，要是有宿便就去藥局買胃腸藥吃。但是，把事情想得太簡單的我們，錯過的是在漫長歲月裡累積下來的寶貴經驗。

「我們曾經是吃得自然的民族。」

　　過去韓國是農耕社會，自古以來就有許多關於飲食文化的風俗。依著二十四節氣，不同的節氣裡吃的食物也不同，人們根據當季的食材，做出符合時節的料理。我們曾經順應自然，跟著自然的節奏生活。飯桌上的當令菜色會依著節氣循環地出現；我們也曾是對當令時節就會上桌的健康食材，以及為了讓料理上桌，在看不見的地方賣力的人們，表示感謝之心的民族。

　　然而，時至今日，在人們的認知裡，提供食材的地方不再是大自然，而是超市，而人們和生產食材的人的往來也僅限於交易關係。二十四節氣──傳統文化的最後一道防線，如今淪落到有名無實的地步。

　　「韓國正變成不煮飯的國家。」

我認為這一切源自於我們不再和家人一起用餐。不知道從什麼時候開始，「家人食口，住在一個屋簷下一起吃飯的人」*的意義消失了，不一起吃飯的家庭增加，家庭不再重視飲食文化的基本教育。不要說食材教育，有些家庭就連簡單的料理也不願意做，逐漸遺忘了家人一起用餐的時光有多珍貴。雖然，可能有人會認為吃飯就是圖生存而已，哪有什麼意義，但是不管科技有多進步，社會有多蓬勃發展，一旦人類脫離了吃飯的行為，依然會活不下去。正是因為人們的飲食痕跡日漸消失，使我更加憂慮。

　　就算是現在，我們應該要多聊一些飲食話題，應該要一起下廚做飯。電影《星際效應》（*Interstellar*）裡的人們最恐懼的事情就是玉米絕種。而在電影《絕地救援》（*The Martian*）裡，人們試圖在沒有土壤的地方培育馬鈴薯，因為事關生死存亡。當然，我們大可以認為現在說的這些，是非常遙遠的未來，是誇大不實的電影情節，不用太在

譯註
食口，韓文漢字，意思是「家人」

意。但這些事並非遙遠的未來的事。當今農村大部分的種田人口是上了年紀的小農夫婦。不久的將來，這些小農夫婦就會消失，那麼到時由誰來把食材送到我們的餐桌上？未來，我們會不會對如何烹調、食用食材變得一無所知？飲食文化的痕跡在家庭中徹底消失無蹤。

「希望二十四節氣，每個節氣都能共聚一堂吃飯。這樣一來，某人在飯桌上融入的日常的寶貴經驗，就會原封不動地傳達給其他人。」

從創造再次一起用餐的場合為起始點，餐桌必須變成人們表達對食材的感激之情，和訴說食材旅程故事的場合。但是現代的家庭漸漸地喪失了這個作用。

如果能由農場重新填補——被家庭遺忘的價值。必須讓農場成為某人的家人，傳達每個節氣飲食的重要經驗，並累積飲食文化。為了讓每個人自然而然習慣用餐，要使飲

食文化扎根，就得落實飲食文化；不能依賴一次性的農村
體驗活動，而是需要農村和城市的永續連結。我希望明白
飲食文化珍貴性的人愈來愈多。我想站出來守護大韓民國
的餐桌。

第 8 章

他話
農業設計

對抗「返鄉就是失敗」的偏見

「煩惱了好幾個月之後，
說到底我活著不是為了給別人看，
或是為了別人而活，
要是專注在自己的人生，
是否就能解決空虛感，我做出了這樣的結論。
我總覺得如果把時間傾注在自我身上，
似乎能找回世界不曾存在的，
屬於我的浪漫。
就這樣，我開始了設計師的越軌。」

尋 找 浪 漫

我鄉下的家充滿了浪漫氣息。我在屋子前面設置了三角遮陽棚，後院放了印第安式三角錐帳篷，並且掛上燈串。另外還有一年用不到幾次，擺著好看的 BBQ 用具和露營設備。每次看到那些東西，母親就會這樣說。

「兒子，你好像在尋找生活的浪漫？」
「日子總是要過嘛，起碼過得浪漫。我就是為了尋找浪漫才回到這裡。」

其實，我的「浪漫病」從小時候就發病了。在學生時代，有一部電視劇叫《Asphalt Man》（아스팔트 사나이）。不只是我，有很多人看過那部電視劇之後，都夢想將來成為汽車設計師。在電視劇裡，主角以汽車設計師身分出現的模樣，讓當時還是國中生的我興奮不已，總覺得要是能成為汽車設計師，一輩子都會活得很浪漫。

結果那部電視劇引導我走上了設計師之路。我一邊上

學，一邊跑到我家附近小城市裡的美術補習班補習，拋棄了和朋友們製造回憶的時間，抱著要成為設計師的堅定信念，度過了高中兩年。

當時在鄉下想成為設計師並不容易；遠距離通學，對我來說是個問題，但是更人的問題是，繳交昂貴的美術補習班費用，對於在鄉下疲於農事的父母也不是件簡單的事。

因此，我拋棄了學生時代的歡樂時光，全力以赴，認真學業。**我認為那是回報父母養育我的辛苦**。就這樣，我把高中時光的回憶奉獻給未來的浪漫。

「如果打算上美術大學，第一志願當然是弘益大學。」

雖然我不清楚現在變得怎麼樣，但是在當時「提到美術大學，當然就是弘益大學」。雖然我以優秀的成績進入了國立大學，但在第一學期結束後，我就一面上課，一面準

備重考。我獨自來到無親無故的首爾，住進了考試院，從凌晨四點半到隔天半夜一點，幾乎可說是不眠不休地，來回於鷺梁津升學補習班和弘益大學校門前的美術補習班之間，斯巴達式地度過的一百天就像是一百年一樣漫長。回頭想想，在那段不到三個月的短暫時間裡，幫助我度過地獄行程的力量是，我確信「只要上了弘益大學，人生就能充滿浪漫」。

　　歷經千辛萬苦之後，我如願以償成為弘益大學的學生，然而，時光荏苒，我浪漫的大學生活也這樣過去了。大學畢業之後，雖然我並沒有成為汽車設計師，但是還是成為設計師。我的人生幾乎沒遇到什麼大麻煩，一帆風順地過下去。然而，設計師的現實生活並不如想像中的浪漫。替某人打造品牌，打造品牌的當下雖然很有意思，但是工作結束後，只充斥著那個東西終究不屬於我的現實空虛感。當然，一路工作下來，我自己也覺得獲益良多，感到自豪；不過為了那股莫名的空虛感，尋找現實中不

存在的浪漫痕跡，成為了我的興趣之一。

　　即便是火熱的星期五夜晚，下班之後，我也會馬上到教大站，參加樂團活動。當初因為想學吉他，就隨意找了一個地方，偶然地投入了作曲和樂團活動。四年的時間，我出了一張個人自創曲專輯和一張樂團專輯。這兩張專輯成為了我人生的禮物。這樣還不夠，在疲憊的一週結束後，週末我跑去向韓國最棒的作家學習，開始挑戰寫藝術字，上了三年專業課程，舉辦過多次的展覽。

　　我又出專輯又開展覽，在別人眼中，看似活力充沛，達到了工作與生活的平衡，實際上，那是我撫慰生活空虛感的方式。正確來說，是我為了解除成為設計師後，生活卻匱乏浪漫的飢渴之苦，才培養出那些生活興趣。

　　在那之後，我再次靜心思索我為什麼會那樣做。我花了幾個月尋找著「我為什麼活著？又為何而活？什麼樣的生

活才算是浪漫的人生？」的答案。我和見到的每個人反覆相同的對話，而對話脈絡也相差無幾。雖然人生成功富裕的人有限，但是大多數的人都看向同一個地方，難以攻頂。人們用各種方式釋放上不了高處的傷感和孤單，比如喝酒、購物，或者是像我一樣投入雜七雜八的興趣。雖然每個人釋放緩解的方式不一樣，但是大家心裡都清楚，不管是自我進修也好，或者是療癒時間也好，全都是在掩耳盜鈴。因為我們都陷入了如果不是最棒的就不行的錯誤暗示之中，喜歡和他人比較，處於優勢地位，或者是喜歡擁有在別人眼中看起來好的東西。過去我活著就是在追求這些。

烦恼了好几个月之后，说到底我活着不是为了给别人看，或是为了别人而活，要是专注在自己的人生，是否就能解决空虚感，我做出了这样的结论。于是我决定不为他人而活，要为自己而活，那一刻原本在意他人的视线转向我自己。不知为什么，现在的我反倒认为，我曾经认为不存在的真正浪漫，说不定真实存在着。从某一方面看，前

路渺茫，而且因渺茫而感到畏懼，但在那份渺茫之後卻有其意義。儘管我不清楚那條路的盡頭有什麼，但是我總覺得如果把時間投資在自我身上，似乎能找回世界不曾存在的，屬於我的浪漫。就這樣，我開始了設計師的越軌。

花 了 一 年 才 整 理 好 的 行 李

　　我的農村生活重新揭幕。起初是為了證明農業真正的價值，奮不顧身地正式開始投身農業；然而農事並不如預期的簡單。在日出之前，凌晨五點，從埋在枕頭和棉被裡也無從逃避的冷漠鬧鈴聲中，展開了我一天的工作日常。我勉強撐起靠自己絕對無法清醒的身體，赤腳踏上浴室冰冷的地板，才總算打起精神。

　　盛夏的白天格外漫長，農夫注定與太陽作伴。我試圖安慰自己，不管怎麼樣，至少比挪威某個偏僻村莊長達一個月的永晝幸運多了。

　　「務農的人看天幹活，今天下雨的話，應該就可以休息了吧。」

　　其實，在農棚裡做農事的農夫，就算碰上雨天也會上工。一年四季，全年無休的辛苦勞動生活。從早上五點開始工作，一直到早上八點，只有吃早餐才能暫時休息。換成在

都市，這個時間是人們擠地鐵擠得身體要散了的時間。

　　人類的生活是相對的。當時我只知道羨慕農村生活。在都市裡，如果沒吃就乾脆跳過的早餐，到了農村，就像是為了生存必須要打的預防針一樣。我曾經藉口沒胃口，體驗過一次餓到前胸貼後背的感覺，從此我與早餐的關係變得親密。大約十點，會有 jeon nuri 江原道方言，意指點心時間。農村的十點，好比是在都市工作的下午四點。

　　「什麼，現在才十點。」

　　雖然難以置信，但後面還有中餐和兩次的點心時間，感覺就像把一天活成了兩天，從多於兩餐的用餐時間就能證明這一點。

　　換成是以前的點心時間，農夫會吃麵或是麵疙瘩，但是最近用小吃、咖啡和簡單的麵包等食物取代。這麼做

並不是因為趕流行，而是由於人手不足，騰不出手做其他料理。父母，包含我在內，都徹底遵守著點心時間。如果連點心時間都消失的話，總覺得莫名的委屈。必須暫時休息，補充營養才能繼續工作。

義大利人無論再忙都會悠閒地享受濃縮咖啡。就像是義大利人的咖啡時間一樣，我也想品味咖啡。但是事與願違。父親就像是喝冷鍋巴湯一樣喝掉了熱咖啡。一旦父親起身，我也得跟著起身。jeon nuri 時間的本質不是悠閒喝茶的時間，而是為了生存補充能量的時間，由此可證。

週末也一樣，凌晨一睜開眼睛就吃飯，如果生活在都市裡，週末整天無所事事，要混到下午才會慢吞吞起身，度過好命的週末；但是對於幹活的人來說，那種怠惰是不被允許的。雖然，過去我藉口說要上藝術字課，跑去見朋友，在時下最夯的美食餐廳打卡，但是過了幾個月後，我發現沒有事需要外出。過了大半年，我終於領悟到了。

「啊，所謂務農就是這麼一回事啊，真是的。」

從大都市回鄉後，面對待整的行李，我總是會找各種理由，就是沒辦法爽快地打開行李。每當母親問起：「什麼時候才要整理行李？」我總是拿忙碌當擋箭牌，過了大半年都沒有真正開始動手整理，在內心深處，我默默評估著鄉下的生活。在這裡沒有太多的特別活動，人氣實境綜藝節目《一日三餐》（삼시세끼），或是《孝利家民宿》（효리네민박）展現了農村生活，讓沒體驗過鄉村生活的朋友羨慕我過著「慢活生活」（kinfolk life），但身處現實鄉下生活的我打不起精神，老是盤算著何時回去大都市。

有許多媒體已經公開過鄉下生活的浪漫。如果是手邊有閒錢的退休人士，當然能悠閒享受鄉下的「慢活生活」。但如果只是想「安靜地」生活，比起來到鄉下，不如加強隔音設備；如果想活著悠閒的生活，倒不如不要有過多的慾望，清心寡欲，留點時間給自己會更好。如果心裡覺得

「鄉下會不一樣吧？」，因此想逃離大都市，而對鄉村心懷憧憬，其實鄉村會比大都市更忙，絕對不要誤以為鄉村就會比較空閒。要改變的是自己，無論在哪裡都不可能存在著沒有理由的悠閒。

此外，父輩世代認為「返鄉是失敗」，更加深了對我回鄉的偏見。人們竊竊私語著：「那戶人家的兒子為什麼要回來」，偶爾會讓我心生羞愧。但多虧這些長久以來的偏見傷及了我的自尊的同時，也讓我產生了非我莫屬的使命感及傲氣，決心要留下來。好不容易熬過了那段時間，過了一年，我才徹底整理完行李。

處於危機中的機會土地

「你身邊有人在從事農活嗎？」

「沒有。」

「那你自己呢？」

「……」

　　自從我歸農後，每次和人見面，我都會問上述問題，回應我的多半是「沒有」這個答案。從簡短的對話裡，讓我聯想起農業現況，看出農業正處於危機的事實，以及隱藏在危機中的農業可能性。

　　人們對農業和農村的未來，漠不關心。

　　大部分的人認為農業是「過氣的第一級產業」，或者是事不關己，覺得是「有人做就行了的工作」。即便大眾抱持著這種想法，但沒有人不吃飯能活得下去，所以必須要理解到如果沒有「某人」做這件事的話，就會產生嚴重的問題。在我踏入農業中心，經歷過這段時間之前，就連身

為農夫兒子的我，也覺得農業危機和我沒太大的關係，只是旁觀著一切。但是，當我投身農業現場，才發現危機後面其實隱藏著機會。

「城鄉之間所得差距日益擴大。」

　　根據統計廳發表的指標，農村看似前景慘澹，加上經濟活動變得困難。但是這裡面其實存在著可能性。因為「平均」這個統計用語是個陷阱。

　　從我們村莊的狀況來看，高齡化農村的年均實際所得大部分不到五百萬韓幣（約新台幣十三萬元）。大部分都靠兒女的孝親費、公共事業或農外所得維持生計。其他地區的行情也差不多。二〇一七年現在農業人口中，42% 以上為六十五歲以上的高齡人口，幾近大半的農家是貧窮的高齡農夫。但是相反來說，存在著大規模的產業農。根據二〇一八年農村經濟研究院的資料，排名前 10% 的農家，比起排名後 50%

的所得，多了約二十倍。也就是說，現今韓國的農業所得呈現嚴重的兩極化。因此，雖然並不能因為調查結果說農村平均所得低，就斷言全體農業從業人員的所得都很低。

「農業看起來比預期的更有發展潛力。」
「是呀。別人不做的事通常都很有前景。」

父親口中經常說「農業人口減少」就是一種可能性。若是試著逆向思考，沒有人想從事農活，意味著這個地方有可能發展為藍海。近年來，農業從業人員逐年增加，想抓住隱藏在危機之下的機會，似乎是證明了這片藍海的存在。

還有，不只有韓國的農村，海外已開發國家的農業人口也正在急遽減少，看起來是迎來了農村危機，但那些國家重新聚焦在農村價值，以及重新定義農村角色，將農業視為國本，同時也是促進未來發展的新動力。根據韓國農村經濟院在二〇一三年發表的資料，許多已開發國家預

測「新農村經濟」（new rural economy）是低成長世代的重要經濟來源。以英國來說，英國農村占據了國家總附加價值的 16%。位於農村的事業體為全體事業體的 26%。瑞士的狀況也差不多，雖然瑞士農家不到全國人口的 1%，但瑞士花了國家預算 6% 去投資農業。韓國的鄰近國家日本，因應鄉村人口減少和鄉村即將瀕臨的滅亡危機，為拯救鄉村，優先推動各式各樣的對策。為了讓農村成為未來成長的動力，我們也需要辨識出農業和農村面臨何種危機，並且從中找出機會。

現在和過去不同之處在於，各界有能力、有本事的人流入農村，讓農村擁有足夠的變化潛力。在這種情勢之下，要迅速地找出活化農村的動力，並加以整頓。首先，為了確保農村未來的人口，必須投入心力讓年輕族群能在農村落地扎根。如果改善全體農村的居住環境有困難，那麼就必須選出需要增加農漁村居住人口的地方，將那些地方指定為中心地，在那裡組成多類型的住宅區，確保教育、福

祉、醫療和文化等基礎生活服務，同時改善大眾交通便利性，打造有利年輕族群居住的環境。

「沒有前路，意味著我能成為第一個闢路的人。」

在我面前沒有鋪好的道路。雖然沒有路會感到不方便，但是從另一方面來說，我可以開闢道路，去我想去的地方。農村是需要年輕新血的地方，同時也是能實現夢想的地方。我希望年輕人們在選擇未來出路的時候，能將農村列入考慮之中。雖然現在的農村是一片荒蕪之地，但如果大家一起攜手拓荒，那麼很有可能能找到一條只屬於我們的路。

讓・紀沃諾（Jean Giono）的小說《種樹的男人》（*The Man Who Planted Trees*），講述著一名老牧羊人獨自孤軍奮鬥，最終使普羅旺斯的荒原變成了新的樹林。無論樹林如何茂密，終究始於一棵樹。這塊土地也能擁有奇蹟。

第 9 章

他話
番茄故事

09

你所不知道的番茄事

「在存放聖女小番茄的時候，
偶爾會出現想比預期地保存更久，
就要保留番茄蒂頭的說法，
還有，有些顧客看到在配送途中
掉落的番茄蒂頭，
就認為番茄不新鮮。
但是這裡隱藏著驚人的反轉。」

그래도팜

韓國番茄品種不多的原因

　　我的夢想是開一家專門生產番茄的番茄農場，因此每年我都會進行番茄品種測試。在測試的過程中，我發現了幾項推廣番茄品種多樣化的困難點。

　　第一，是市場結構問題。比起番茄料理，韓國人更喜歡吃生番茄。所以容易軟掉或是完熟之前不好吃的番茄品種不受歡迎。還有，人們購買不是用來做料理，而是適合生吃的蕃茄時，會很在意番茄的外型。在韓國長距離進行配送過程中，因為熟透而裂開的番茄，如果是拿來做料理，那沒問題；但是如果是生吃的番茄發生這種情況，則會被視為不良品，不是流通業者首選。

　　另外，韓國消費者在買農產品的時候，相當保守，只吃吃過的東西。有新的農產品，或是有新品種上市，起初會覺得新奇而買回家，漸漸地，熱度一減就會退燒。新產品要常讓人選購，躍升市場主流，比預期中的不易。以我們農場為例，雖然常接到很多關於新品種或是新農作物的詢

問，但是真的種出來了，消費者的需求卻遠低於預期，我們多次為此困擾。

第二，是個人農家不易確保新品種的種子來源。個人農戶直接從海外購買的黑番茄（black cherry tomato），或聖馬扎諾番茄（san marzano）、羅馬番茄（roma tomato）等各品種的番茄，產量比韓國育苗公司固定提供的種子數量少。另外，雖然也可以親自育種，但由於產量少，無法與事業農抗衡。

因此，為了刺激銷售，每次辛辛苦苦地購入少量又昂貴的種子。問題是，培育出番茄之後卻找不到買家。即便找到了買家，也無法對買家保障產量，最終只能轉向高價策略，以確保獲利。在消費者沒有持續的需求，無法確保販售量的情況下，如果農家親自跑去購買來源取得不易的新品種種子，會造成農家在營運上出現困難。我們農場每年也會進行新品種測試，但是由於這些原因，還沒將新品種列入銷售商品。

最後是培育環境的差異問題。基本上，番茄在乾燥的天氣較耐久，而不耐濕氣。在夏季作期，栽種特別不耐濕氣的品種時，會有很多番茄變得賣相不佳，能拿出去賣的番茄數量大幅減少。因此，比起追求味道或多樣性，農家更偏向種植能確保大小及重量的品種。

再者，蟲害也是一大問題。舉例來說，大棗形聖女小番茄，即便原品種擁有出色的味道和香氣，但是蟲害防治不易，反而是這品種的衍生品種，雖然風味不如原生品種，但是抗病性高，栽種抗病品種的農家年年攀升。

在韓國，比起拿番茄做番茄料理，大多更傾向生吃番茄，所以大部分的消費者偏好果肉結實，甜度高，不酸的蕃茄。如果消費者想追求多樣化的品種，那麼必須連消費和飲食型態也一起改變才有可能。

聰明的番茄保存法

「番茄要怎麼保管？放在冰箱就行了吧？」

這是消費者收到番茄之後，最常問的問題。每逢出貨期，我每天都收到好幾次這種提問。

通常人們購入食材之後，為了能存放得久一點，會放入冷凍庫保管，而蔬果類食材則是放進冷藏室。人們認為這是讓保存食材新鮮度的方法，因為大家非常信賴冰箱。但是，先說結論的話，冷藏保管是大忌。

雖然大眾普遍的認知是，所有的蔬菜放入冰箱就能長久新鮮存放，實際上並非如此。雖然有些蔬菜靠低溫保存，能維持鮮度，但就番茄來說，情況恰好相反。為了能品嘗冰涼爽脆的口感，在吃番茄前，再拿去冰箱冰會比較好。

「番茄請在室溫下存放。」

不該放入冰箱的蔬菜之一就是番茄。因為那樣做會減少 40% 的番茄抗氧化物質茄紅素。把番茄存放在冰冷潮濕的冰箱，會降低形成番茄天然風味的酵素的活性，使番茄消失原有的風味。且冰箱的冷氣會凍傷果皮細胞膜，使風味變化板滯，掠奪番茄的水分，延緩番茄自然熟成的速度。這些原因會加速番茄的變質，影響風味、降低甜度，使番茄味道寡淡，層次平淺。

「那麼要怎麼保存才好？」

首先，由於番茄不耐悶濕，最好是去除水分。必須挑出在配送過程中因濕氣而裂掉的番茄。因為番茄裂掉而滲出的汁液也是水氣，很可能殃及其他番茄跟著裂掉。

「聖女小番茄的蒂頭要在才新鮮，是錯誤認知。」

在存放聖女小番茄的時候，偶爾會出現想延長保鮮

期，就要保留番茄蒂頭的說法。還有，有些顧客看到配送途中掉落的番茄蒂頭，就認為番茄不新鮮。但是這裡隱藏著驚人的反轉。農村新興廳發表了「關於聖女小番茄蒂頭的研究結果」。在攝氏二十度，相對濕度75~90%的狀況下，分別存放有蒂頭的聖女小番茄，和摘除蒂頭的聖女小蕃茄，進行觀察。觀察結果是，有蒂頭的聖女小番茄的保存期限是六日，除去蒂頭的聖女小番茄可存放八日。農村新興廳表示，這是因為在摘除蒂頭的時候，連帶減少了在蒂頭部位發生的儲藏病害，因此大棗形聖女小番茄除去蒂頭存放會更好。在這裡我順帶一提，農村新興廳研究人員在蔬菜的研究報告裡是這樣說的：

「過去會把大棗形聖女小番茄的新鮮度下滑，歸因於沒有果蒂，但即使摘除了果蒂，也完全不影響其新鮮度，反而減少了果蒂周遭的微生物，提高了安全性，也增加了保存壽命。」

由於大棗形聖女小番茄會從果蒂開始滋生微生物，存放時一定要摘掉果蒂才行。從果蒂裡產生的微生物是番茄變質的最大原因。另外，愈多的番茄疊放在一起，下方的番茄承受的壓力愈大，就容易裂掉。所以，儘可能少量分放。還有，最好放在日曬不到，通風良好的地方。如果沒有這樣的地方，萬不得已必須放進冰箱冷藏保管的情況下，我建議在吃之前，暫時移放到室溫下。因為，這樣一來，形成番茄天然風味的酵素能部分復原。

　　總結以上內容，保管番茄的時候，先挑出裂掉的番茄，去除濕氣之後，摘掉番茄蒂頭，放在日曬不到，通風良好的地方，少量分放就可以了。還有，吃之前先放到冰箱後再吃。

　　即使有機農作物的存放壽命較久，但植物腐壞天經地義。與其放很久才吃，希望能趁新鮮的時候，珍惜地品嘗。如果這樣子做了，卻還是吃不完，番茄仍有剩時，我強烈

推薦曬乾，製成番茄乾。番茄乾遠比生番茄更具風味。曬乾後利用橄欖油來存放也不失為一個好方法。品嚐過一次番茄乾味道，說不定會有想把番茄全部曬乾的衝動呢。

結 語
打 造 結 尾

「要不要試著出書？」

聽到這句話的時間到現在，已經過了兩年。二〇一七年一月，我在一場出版演講講座上，偶然遇見了teumsae books 李民善代表。在和他聊過天之後，我收到像是命運一樣的提議。但是，我非常懷疑自己真的能出書嗎？雖然我也想過，在死之前試著寫一本書，但是「我算哪根蔥，真的夠格出書嗎？」的憂慮和「我寫出來的書會是什麼模樣？」的期待。這兩種情緒在我心裡衝突了好一陣子。

我因為沒寫過書而猶豫不決，經過幾次和代表的會議之後，我獲得了很大的力量。多虧他賦予我的勇氣，我才能確信自己想把這個有意義的故事傳遞給他人，因而開始動筆。現在回頭看初稿，雖然有不怎樣的文章，但是就算文筆不好，他還是鼓勵我，讓我深信我有能力寫好這樣的主題，並且寫出還不錯的內容，這段旅程才開始的可能。就這樣，連基本寫作技巧都不會的我開始動筆寫作。

「我是怎樣的人？」

在第一次寫稿之前，需要了解自我。就連自己也無法明確說出我是怎樣的人。我需要回顧自我的時間。雖然那段時間最為艱辛，但是現在回頭看，好像是那段時間使我成長為現在的我。我非常慶幸我要寫的不是自傳。

「現在木已成舟，回不了頭了。」

在看過一兩次的大綱目次和原稿的代表的勸誘下，我簽下了出版合約，連帶心情變得沉重。之後，我正式投入寫作。簽約之後，相較於壓力，我更感責任重大。但是，由於寫作和務農並行的關係，中間擱置了幾個月的時間。過了農忙期，幾個月後重新閱讀我的原稿，刪除掉不滿意的部分，調整節奏，投入了周而復始的寫作過程。

「剛好花了兩年呢。」

雖然抱定了「船到橋頭自然直」的心態，但是我並沒有想到會花兩年的時間。這樣看來，輕率地決定開始的事終於結束了。在這為期兩年的旅程，有很多時候需要回顧自我，時常感覺心力交瘁。農事和品牌並行，還加上寫書，負擔比我想像中的更大。

　　雖然不知道藉由這本書，會創造出什麼樣的未來；和誰見面後，在哪裡成就什麼樣的故事。但對我而言，這絕對是有意義的一步。另外，我相信我所建構的夢想，終會成為未來某個人的夢想的出發點，因此我決心要建構出更好的夢想。

　　就像是我想像不出即將誕生的老二會長什麼樣，一想到未來展開這本書閱讀的可能性，讓我激動不已。

Top
005

從土裡栽種品牌
用設計師思惟種出萬人排隊番茄的品牌故事

토마토 밭에서 꿈을 짓다
디자이너 출신 청년 농부의 ＇1 만 명이 기다리는 토마토＇ 브랜딩 스토리

作　者	元繩現
譯　者	黃莞婷
責任編輯	魏珮丞
特約編輯	李采云
美術設計	三人制創
排　版	JAYSTUDIO

社　長	郭重興
發行人兼出版總監	曾大福
總編輯	魏珮丞
出　版	新樂園出版／遠足文化事業股份有限公司
發　行	遠足文化事業股份有限公司
地　址	231 新北市新店區民權路 108-2 號 9 樓
電　話	(02)2218-1417
傳　真	(02)2218-8057
郵撥帳號	19504465
客服信箱	service@bookrep.com.tw
官方網站	http://www.bookrep.com.tw
法律顧問	華洋國際專利商標事務所 蘇文生律師
印　製	呈靖印刷

初　版	2019 年 11 月
定　價	320 元
ISBN	978-986-98149-4-2

토마토 밭에서 꿈을 짓다
Copyright　Won Seunghyun, 2019
All Rights Reserved.
This complex Chinese characters edition was published
by Nutopia Publishing, An Imprint of WALKERS
CULTURAL ENTERPRISE LTD.in 2019 by
arrangement with TEUMSAE BOOKS through
Imprima Korea & LEE's Literary Agency.

國家圖書館出版品預行編目 (CIP) 資料

從土裡栽種品牌：用設計師思維種出萬人排隊番茄的品牌故事
元繩現著；黃莞婷譯 —— 初版 —— 新北市：新樂園出版：遠足文化發行，2019.11
224 面；14.8 × 21 公分 —— 〔Top；5〕
譯自：토마토 밭에서 꿈을 짓다 디자이너 출신 청년 농부의 ＇1 만 명이 기다리
는 토마토＇ 브랜딩 스토리

ISBN 978-986-98149-4-2（平裝）

1. 農業經營 2. 有機農業 3. 品牌行銷

177.2   108015201